中国大气污染防治行动计划实施的投融资需求与影响

董战峰　袁增伟　郝春旭　编著

科学出版社

北　京

内 容 简 介

　　本书可为制定更加科学有效的大气污染防治投融资政策，以及评估中国《大气污染防治行动计划》（以下简称《计划》）实施的科学性提供管理技术支撑。主要内容包括通过自下而上的方式定量测算京津冀、长三角和珠三角及全国实施《计划》的投融资需求，为中国重点区域《计划》实施的投融资政策制定提供管理基础；并分析现有大气污染防治投融资政策资源供给情况，提出《计划》实施的投融资渠道以及可能选择的政策工具，识别《计划》实施的投融资面临的挑战；最后系统评估《计划》实施对GDP、健康、行业部门、就业、技术进步、环保产业发展的影响。

　　本书可为国内高校院所从事环保投融资、大气环境污染防控管理政策、大气环境科学、环保产业研究的专家学者、有关政府部门管理人员，企业界、金融界等的有关人员，以及经济、管理、环境、统计等有关专业的研究生及本科生提供参考。

图书在版编目（CIP）数据

中国大气污染防治行动计划实施的投融资需求与影响 / 董战峰，袁增伟，郝春旭著. —北京：科学出版社，2016

ISBN 978-7-03-051040-2

Ⅰ. ①中… Ⅱ. ①董… ②袁… ③郝… Ⅲ. ①空气污染–污染防治–计划–投融资体制–研究–中国 Ⅳ. ①X51

中国版本图书馆 CIP 数据核字（2016）第 287806 号

责任编辑：胡　凯　王腾飞 / 责任校对：赵桂芬
责任印制：张　伟 / 封面设计：许　瑞

科　学　出　版　社 出版
北京东黄城根北街 16 号
邮政编码：100717
http://www.sciencep.com

北京九州迅驰传媒文化有限公司 印刷
科学出版社发行　各地新华书店经销

2016 年 10 月第　一　版　　开本：720×1000　B5
2017 年　8 月第二次印刷　　印张：12 3/8
字数：250 000
定价：79.00 元
（如有印装质量问题，我社负责调换）

序

当前，中国大气污染形势严峻，以可吸入颗粒物（PM_{10}）、细颗粒物（$PM_{2.5}$）为特征污染物的区域性大气环境问题日益突出，严重损害了人民群众身体健康，影响了社会的和谐稳定。为切实改善空气质量，保障人民群众身体健康，国务院于 2013 年 9 月印发了《大气污染防治行动计划》（以下简称《计划》），明确提出到 2017 年，中国地级及以上城市可吸入颗粒物浓度比 2012 年下降超过 10%，优良天数逐年提高；尤其针对京津冀、长三角、珠三角三大重点区域，要求其细颗粒物（$PM_{2.5}$）浓度到 2017 年分别下降 25%、20% 及 15%，其中北京市细颗粒物年均浓度控制在约 60 微克/立方米。实现该目标无疑是一项巨大挑战，为贯彻落实该计划，中国各地纷纷出台了相应的大气污染防治方案，社会各方也对《计划》能否顺利实施及 2017 年大气环境质量改善目标能否实现广为关注。

落实《计划》的实施措施首先必须解决投融资需求及其渠道问题，也要明确投融资带来的社会经济效应和健康效应，这是推进《计划》科学实施的需要。在美国能源基金会和中国清洁空气联盟的联合支持下，环境保护部环境规划院联合南京大学环境学院一起开展《计划》实施的投融资需求及影响研究项目。项目主要内容包括：①通过自下而上的方式，定量测算京津冀、长三角和珠三角三个区域实施《计划》的投融资需求，并在这些典型区域投融资需求测量的基础上，核算中国的投融资需求水平，为中国重点区域《计划》实施的投融资政策制定提供管理基础；②分析现有大气污染防治投融资政策资源供给情况，提出《计划》实施的投融资渠道以及可能选择的政策工具，识别京津冀等区域《计划》实施投融资政策面临的挑战，这可以为中国重点区域制定更为有效的《计划》实施配套投融资政策提供科学依据；③采取投入产出法系统评估《计划》的实施对 GDP 的影响、对行业部门的影响，及对就业、技术进步和环保产业发展的影响；并运用流行病学方法，评估其实施对中国及三大区域造成的健康影响，包括对不同性别、不同年龄组群体的健康影响。总体来讲，本书的研究成果可为制定更加科学有效的大气污染防治投融资政策，以及评估《计划》实施的科学性提供管理技术支撑。

本书共 9 章。第 1 章主要介绍本书的研究背景与框架；第 2 章介绍大气污染防治行动计划及任务分解；第 3 章主要介绍本书采取的方法学；第 4～6 章分别对京津冀、长三角、珠三角三大区域《计划》实施的投融资需求及影响进行系统评估；第 7 章则在此基础上，对中国《计划》实施的投融资需求及影响进行评估；第 8 章分析《计划》实施的投融资渠道以及重点区域长三角地区的投融资渠道，识别《计划》实施中面临的投融资问题；第 9 章是政策建议，对如何进一步通过投融资政策创新来推进《计划》顺利实施提出政策建议。

感谢美国能源基金会赵立建主任和才婧婧、尹乐项目主管对本书及项目实施的大力支持，感谢中国清洁空气联盟解洪兴主任的大力支持，他们在项目研究过程中提出很多的好建议，对本书研究的顺利推进和产出有价值的成果不可或缺。感谢北京市环境保护局、河北省环境保护厅、天津市环境保护局、广东省环境保护厅、广州市环保局、佛山市环保局、江苏省环境保护厅、无锡市环保局等单位对本书研究工作的大力支持，他们为本书中《计划》实施的投融资需求的测算以及投融资政策实施进展提供很多基础性信息。

感谢国务院发展研究中心宏观经济部魏加宁副部长、中国科学院大气物理研究所王跃思研究员、中国人民大学环境学院曾贤刚教授及蓝虹教授、中国科学院虚拟经济与数据科学研究中心石敏俊教授、清华大学环境学院张天柱教授及常杪教授、长江商学院刘艺燕教授及张悦博士、南开大学环境科学与工程学院冯银厂教授、北京市环保局刘欣处长及洪宇宁博士、北京化工大学低碳经济研究院刘学之教授、北京师范大学环境学院张力小教授、北京师范大学经济与资源管理研究院林永生教授、环境保护部环境规划院张伟博士等专家对本书提出的宝贵建议，这些建议对完善本书项目研究成果起到了重要作用。

感谢南京大学环境学院刘雪薇、高晶蕾，感谢环境保护部环境规划院郝春旭博士、张伟博士、田超阳、秦颖、严小东及王慧杰助理研究员等对本书出版工作的重要贡献，本书的出版离不开他们辛勤而又卓有成效的工作。特别感谢科学出版社的编辑对出版工作的大力支持，高效的编辑工作为本书的顺利出版提供了保障。

最后，请允许我代表各位作者向所有为本书出版做出贡献和提供帮助的朋友和同仁一并表示衷心的感谢！

希望本书的出版会对国内高校院所从事环保投融资、大气环境污染防控管理政策、大气环境科学、环保产业研究的专家学者、有关政府部门管理人员，企业界、金融界等的有关人员，以及经济、管理、环境、统计等有关专业的博士研究生、硕士研究生以及本科生提供参考。此外，要说明的是，由于水平有限，本书难免存在不足之处，恳请广大同仁和读者批评指正。

董战峰

2015 年 11 月 25 日

摘　　要

本书在美国能源基金会和中国清洁空气联盟的联合支持下，开展了京津冀、长三角、珠三角三大区域及《大气污染防治行动计划》实施的投融资需求以及影响研究。为了更好地完成本书研究任务，2014 年 5～8 月，环保部环境规划院和南京大学环境学院组成课题组先后赴京津冀、长三角、珠三角三大区域进行广泛深入地实地调研，同当地的环保部门等有关单位进行座谈，并进行钢铁、电力等重点行业企业现场调研。调研组获取了大量一手数据，深入了解了各地对于《大气污染防治行动计划》实施采取的主要投融资政策措施、存在的问题及相关需求。在此基础上，结合《大气污染防治行动计划》的实施状况对京津冀、长三角、珠三角三大区域实现 2017 年大气污染防治计划目标所需的资金需求进行估算，并分析行动计划对中国宏观经济、市场、技术进步以及健康效益的影响，本书提出重点区域的投融资需求及渠道，并提出推进《大气污染防治行动计划》实施的针对性投融资政策建议。为更有效地为地方大气污染防治行动计划投融资需求测算提供技术支撑，课题组编制地方大气污染防治行动计划投资需求测算技术指南。

一、各地重视《大气污染防治行动计划》的实施，评估该方案能有效提升其实施成效

当前，中国大气污染形势严峻，以可吸入颗粒物（PM_{10}）、细颗粒物（$PM_{2.5}$）为特征污染物的区域性大气环境问题日益突出，严重损害了人民群众身体健康，影响了社会的和谐稳定。为切实改善空气质量，保障人民群众身体健康，国务院于 2013 年 9 月印发了《大气污染防治行动计划》，为贯彻落实该计划，中国各地纷纷出台了相应的大气污染防治方案。本书分析京津冀、长三角、珠三角三大区域及《大气污染防治行动计划》的投融资需求，评估该行动计划实施可能给该地区带来的各种影响，为区域大气污染防治计划的实施提供科学依据。

二、中国实施《大气污染防治行动计划》共需直接投资 1.84 万亿元

经测算，实施《大气污染防治行动计划》直接投资共计需要 1.84 万亿元。《大气污染防治行动计划》中的主要改造措施，优化能源结构、移动源污染防治、工业企业污染治理、面源污染治理的投资需求分别为 2844 亿元、14067.66 亿元、915.44 亿元和 615.72 亿元（表 1）。

表 1　　中国《大气污染防治行动计划》实施的直接投资需求

类别	项目			投资/亿元
优化能源结构	关停燃煤锅炉			324.00
	改造燃煤锅炉			2520.00
	小计			2844.00
移动源污染防治	新能源汽车	天然气汽车	汽车	2950.55
			加气站	93.62
		电力汽车	汽车	3258.06
			充电站	142.43
	淘汰黄标车			2816.00
	油品升级			4807.00
	小计			14067.66
工业企业污染治理	火电		脱硫	60.50
			脱硝	237.00
			除尘	77.27
	钢铁	烧结机	脱硫	54.01
			除尘	5.40
		球团	脱硫	1.28
	水泥		脱硝	35.48
			除尘	3.59
	石油化工	脱硫		28.93
		油气回收	油库	25.49
			加油站	72.54
			油罐车	3.29
	其他颗粒物治理			16.63
	VOC 综合治理			294.04
	小计			915.44
面源污染治理	扬尘综合整治		施工工地	604.12
			道路	11.60
	小计			615.72
投资总计				18442.82

　　三、京津冀、长三角、珠三角三大重点区域大气污染防治行动计划实施的直接投资需求分别为 **2490.29 亿元、2384.69 亿元和 903.58 亿元**

　　京津冀地区实施《大气污染防治行动计划》需要直接投资 2490.29 亿元，其中主要改造措施，优化能源结构、移动源污染防治和工业企业污染治理所需投资分别为636.55亿元、769.14亿元和1084.6亿元（表2）。长三角地区实施《大气污染防治行动计划》需要直接投资2384.69亿元，其中主要改造措施，优化能源结构、移动源污染防治和工业企业污染治理所需投资分别为667.59亿元，1438.31亿元和278.79亿元（表3）。珠三角地区实施《大气污染防治行动计划》需要直接投资903.58亿元，其中主要措施，优化能源结构、移动源污染防治和工业企业污染治理所需投资额分别为245.14亿元、620.43亿元和38.01亿元（表4）。

表2　京津冀地区《大气污染防治行动计划》投资需求汇总

类别	项目			投资需求/亿元
优化能源结构	关停燃煤锅炉			36.55
	改造燃煤锅炉			600
	小计			636.55
移动源污染防治	新能源汽车	新能源公交车		139.84
		新能源乘用车		49.3
		充电站		4
		充电桩		7.2
	淘汰黄标车			146.68
	油品升级			422.12
	小计			769.14
工业企业污染治理	火电		脱硫	408.65
			脱硝	102.3
			除尘	41.72
	钢铁	烧结机	脱硫	61.8
			除尘	22.89
	水泥		脱硝	1.3
			除尘	0.34
	石油化工	脱硫		144.52
		脱硝		213.17
		除尘		5.34
		VOC综合治理		30.51
		油气回收	油库	11.85
			加油站	2.05
			油罐车	38.16
	小计			1084.6

表3　长三角地区《大气污染防治行动计划》投资需求汇总

类别	项目			投资需求/亿元
优化能源结构	关停燃煤锅炉			15.40
	改造燃煤锅炉			652.19
	小计			667.59
移动源污染防治	新能源汽车	天然气汽车	汽车	107.14
			加气站	11.94
		电力汽车	汽车	729.88
			充电站	14.87
	淘汰黄标车			91.30
	油品升级			483.18
	小计			1438.31
工业企业污染治理	火电		脱硫	2.31
			脱硝	63.53
			除尘	30.91
	钢铁	烧结机	脱硫	10.46
			除尘	1.40
	水泥		脱硝	7.14
			除尘	13.16
	石油化工	脱硫		5.25
		油气回收	油库	3.92
			加油站	11.80
			油罐车	0.36
	VOC综合治理			128.56
	小计			278.79

表4　珠三角地区《大气污染防治行动计划》投资需求

类别	项目		投资需求/亿元
优化能源结构	改造燃煤锅炉		25.14
	产业集聚区集中供热		220.00
	小计		245.14
移动源污染防治	电力汽车	汽车	318.84
		充电站	86.40
	淘汰黄标车		28.35
	油品升级		186.84
	小计		620.43

类别	项目		投资需求/亿元
工业企业污染治理	火电	脱硫	0.16
		脱硝	4.68
		除尘	5.61
	钢铁　　烧结机	除尘	0.31
	水泥	脱硝	1.13
		除尘	0.0046
	石油化工　　脱硫		0.95
	VOC 综合治理		25.17
	小计		38.01

四、中国大气污染治理投融资现状存在投资总量严重不足、过度依赖政府财政性投入、融资渠道单一等问题，尚未形成稳健的投融资机制，难以保证三大区域及各地行动计划实施所需资金及时到位，是 **2017** 年达成大气治理目标的重要挑战

中国大气污染治理的投资主要集中在工业企业污染治理方面。2010～2015 年工业企业污染治理总共投资金额为 2130 亿元，交通污染源治理（淘汰黄标车）总共投资金额为 940 亿元。但是经测算，淘汰黄标车共需资金 2816 亿元，交通污染源治理需要 1.4 万亿元，交通污染源治理投资缺口较大。2012 年中国国内生产总值为 51.89 万亿元，而中国治理废气共计投入资金 257.71 亿元，治理废气投入占 GDP 的比重为 0.05%，这一比重对中国这样一个大气环境污染问题日益严峻的国家而言是微不足道的，因此现阶段增加中国大气环境污染治理投资是非常必要的。在市场经济体制下，企业应是环保投资的主体。但在中国，企业缺乏环保投融资的激情和热情，这造成污染防治和环境保护责任几乎全面推向政府，政府成为环保事业发展的主体。投融资机制不健全、市场手段运用不足、法律法规不完善、风险程度高等缺点使企业对于环保产业的投资缺乏有效的动力。企业缺乏环保产业的投资信心，环保基础设施资金缺口加大，其根本原因是由于市场化机制尚未形成，使外界参与投资出现了瓶颈效应，阻碍了建设资金的投入。

五、预计至《大气污染防治行动计划》实施截止年份 **2017** 年，中国每年因该计划实施而减少的慢性死亡人数为 **11.06** 万人，占人口总数的 **0.15‰**；中国各省份损失寿命年限均下降，男性人均寿命延长 **0.24～1.48** 年，女性延长 **0.34～3.48** 年

《大气污染防治行动计划》实施后，呼吸系统疾病引起的死亡人数下降最明显，2017 年因实施《大气污染防治行动计划》，预计中国每年减少的慢性死亡人

数为 11.06 万人，占人口总数的 0.15‰。其中，河北省因《大气污染防治行动计划》实施而避免的死亡人数最多。呼吸系统有关疾病的患病人数也因而下降，其中急性支气管炎尤为突出，预计到 2017 年中国由于《大气污染防治行动计划》实施每年减少急性支气管炎患病人数为 210.59 万人，占总人口数的 0.28%。损失寿命的分析结果显示，《大气污染防治行动计划》实施后，中国各省损失寿命年限均下降，即寿命有延长趋势。综合看来，男性寿命延长年限为 0.24～1.48 年，女性为 0.34～3.48 年。总体寿命延长最显著的将是京津冀地区，明显高于其他省市，特别是北京市，各项寿命延长年数均位居第一，这样的结果与北京市 $PM_{2.5}$ 浓度基数高，与其他地区减排要求更严格有关。年龄不足 65 岁人寿命变化量较老年人（年龄超过 65 岁）更为突出，其寿命增加范围分别是 0.37～3.77 年与 0.2～1.19 年。

六、《大气污染防治行动计划》实施期间的总投资能够拉动 GDP 总额增长 2.04 万亿元，对就业贡献效应为 291.13 万个工作岗位

《大气污染防治行动计划》实施共计需要投资 18 442.82 亿元，项目实施将拉动 GDP 增长 2.04 万亿元（5 年合计，下同），增加就业岗位 291.13 万个。其中环保治理投资拉动 GDP 增长 28 165.58 亿元，增加就业岗位 380.31 万个。淘汰落后产能将在一定程度上对经济增长起到负面作用，造成 GDP 减少 7 762.57 亿元，减少就业岗位 89.18 万个（表 5）。可见《大气污染防治行动计划》的环保投入在拉动经济可持续发展、拉动内需、解决社会就业等方面起到较为积极的经济贡献。GDP、居民收入和就业指标所受影响最大的行业是交通运输设备制造业、通用专用设备制造业和农林牧渔业；金属冶炼及压延加工业、化学工业、金属制品业、批发和零售业、金融业、教育业和交通运输及仓储业等行业在各项指标中同样属于收益较大的行业（图 1～图 3）。

表 5　《大气污染防治行动计划》实施的投资对经济社会贡献效应测算结果

类别	GDP/亿元	就业岗位/个
环境治理	28 165.58	3 803 122
淘汰落后产能	−7762.57	−891 798
合计	20 403.01	2 911 324

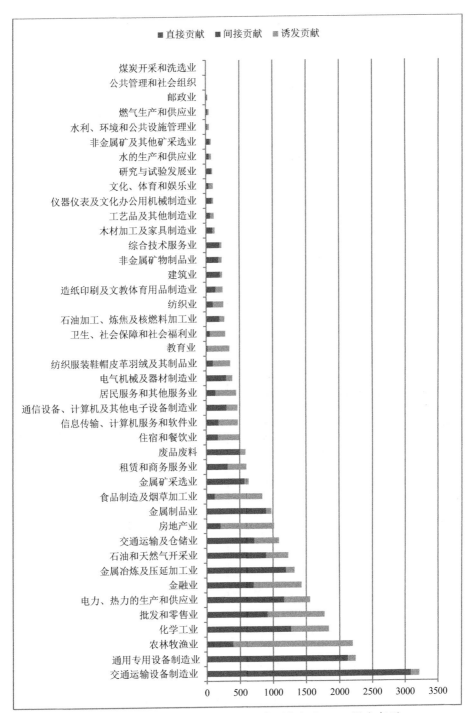

图 1　实施《大气污染防治行动计划》对各行业 GDP 影响/亿元

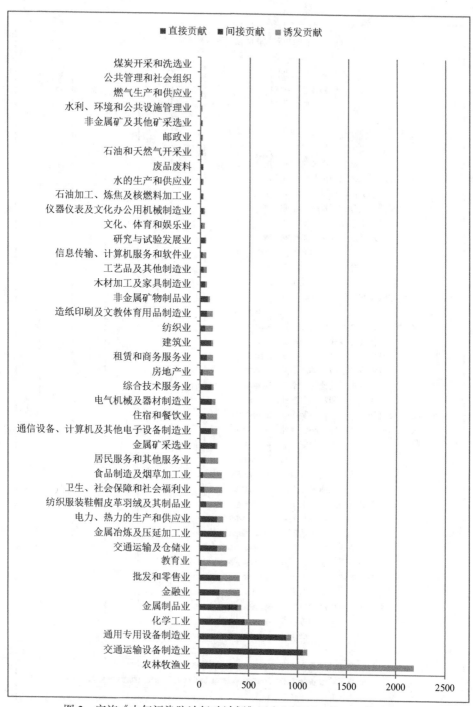

图 2　实施《大气污染防治行动计划》对各行业居民收入的影响/亿元

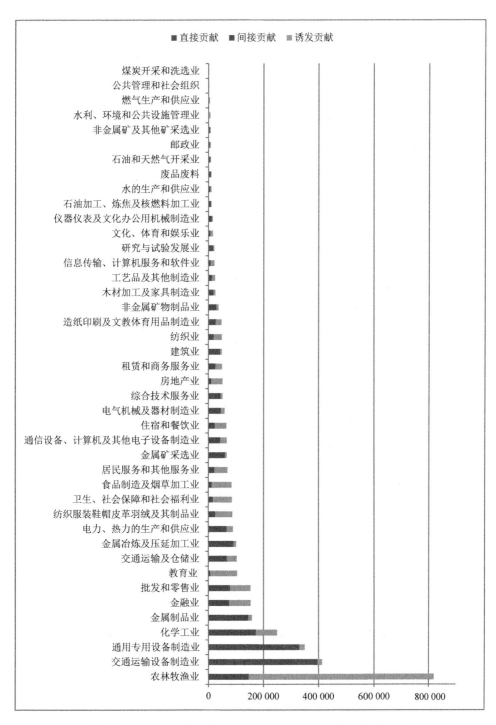

图 3　实施《大气污染防治行动计划》对各行业就业的影响/个

七、重点区域《大气污染防治行动计划》投资对 GDP 及就业产生正面效应

京津冀地区实施《大气污染防治行动计划》共计需要直接投资 2490.29 亿元。模拟 2013～2017 年京津冀地区实施《大气污染防治行动计划》对该地区 GDP 和就业的影响效应，得出结果，项目实施将使京津冀地区 GDP 增加 35.66 亿元（5年合计，下同），增加就业岗位 4.08 万个（表 6）。其中环保治理投资拉动 GDP 增长 2869.82 亿元，增加就业岗位 22.79 万个。淘汰落后产能将在一定程度上对经济增长起到负面作用，造成 GDP 减少 2834.16 亿元，减少就业岗位 18.71 万个。就环境治理方面，京津冀地区 GDP 指标所受影响最大的行业是通用专用设备制造业、其他服务业和金属冶炼及压延加工业；居民收入和就业指标所受影响最大的行业是其他服务业、通用专用设备制造业和农林牧渔业、交通运输设备制造业、金属制品业、批发和零售业、建筑业和交通运输及仓储业等行业（图 4～图 6）。

表 6　京津冀地区实施《大气污染防治行动计划》对经济社会贡献效应测算结果

类别	GDP/亿元	就业岗位/个
投资拉动	2869.82	227 918
淘汰落后产能	−2834.16	−187 110
合计	35.66	40 808

长三角地区实施《大气污染防治行动计划》共计需要直接投资 2 384.7 亿元，模拟 2013～2017 年长三角地区实施《大气污染防治行动计划》对该地区 GDP 和就业的影响，结果显示，项目实施将使长三角地区 GDP 增长 2 782.03 亿元（5 年合计，下同），增加就业岗位 23.83 万个。其中环保治理投资拉动 GDP 增长 3166.8 亿元，增加就业岗位 26.55 万个。淘汰落后产能将在一定程度上对经济增长起到负面作用，造成 GDP 减少 384.77 亿元，减少就业岗位 2.72 万个（表 7）。就环境治理投资方面，长三角地区 GDP、居民收入和就业指标所受影响最大的行业是其他服务业、交通设备制造业和通用专用设备制造业；金属冶炼及压延加工业、化学工业、金属制品业、批发和零售业、农林牧渔业、建筑业和交通运输及仓储业等行业在各项指标中同样属于收益较大的行业（图 7～图 9）。

表 7　长三角地区实施《大气污染防治行动计划》对经济社会贡献效应测算结果

类别	GDP/亿元	就业岗位/个
投资拉动	3166.8	265 484
淘汰落后产能	−384.77	−27 199
合计	2782.03	238 285

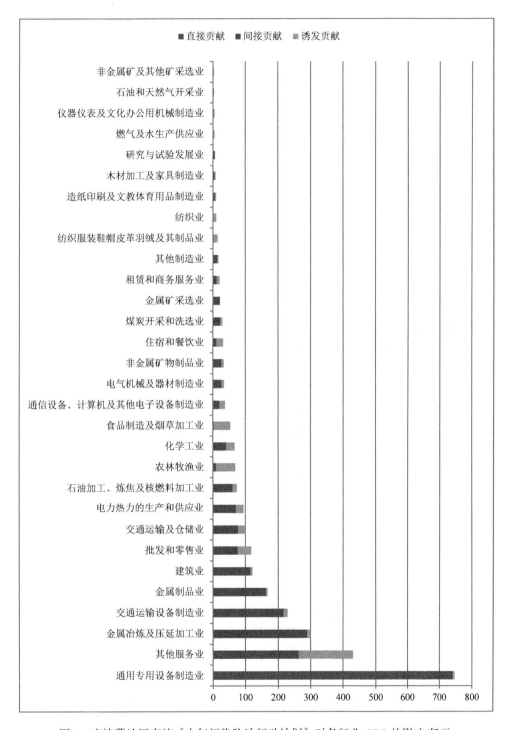

图 4　京津冀地区实施《大气污染防治行动计划》对各行业 GDP 的影响/亿元

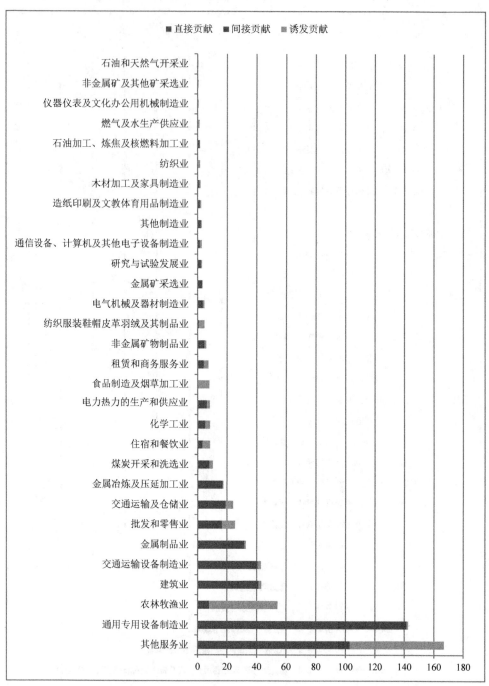

图 5　京津冀地区实施《大气污染防治行动计划》对各行业居民收入的影响/亿元

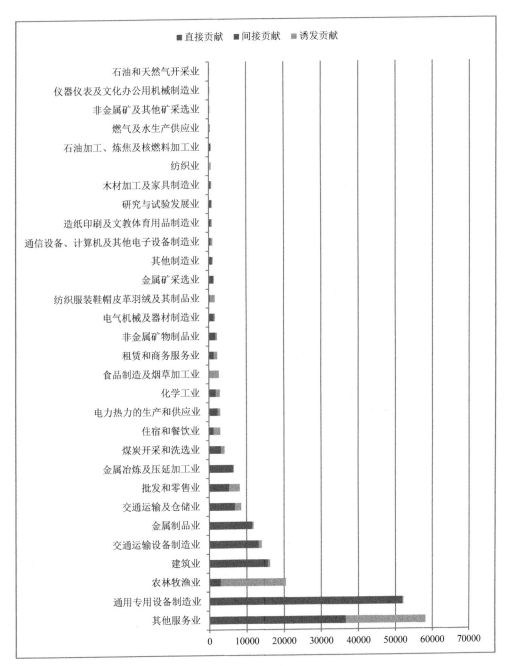

图 6　京津冀地区实施《大气污染防治行动计划》对各行业就业的影响/个

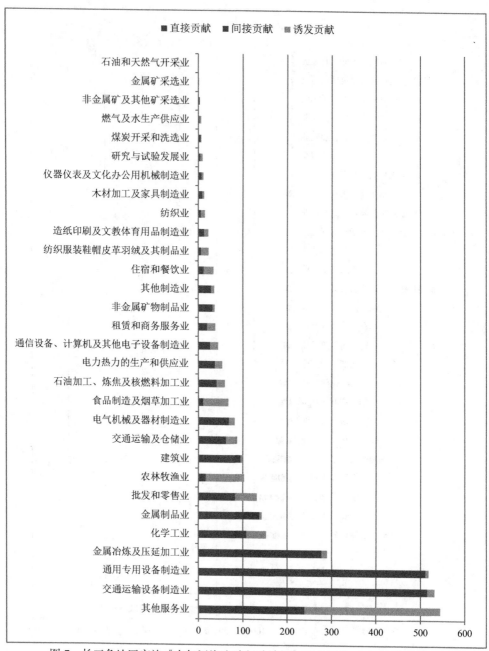

图 7 长三角地区实施《大气污染防治行动计划》对各行业 GDP 的影响/亿元

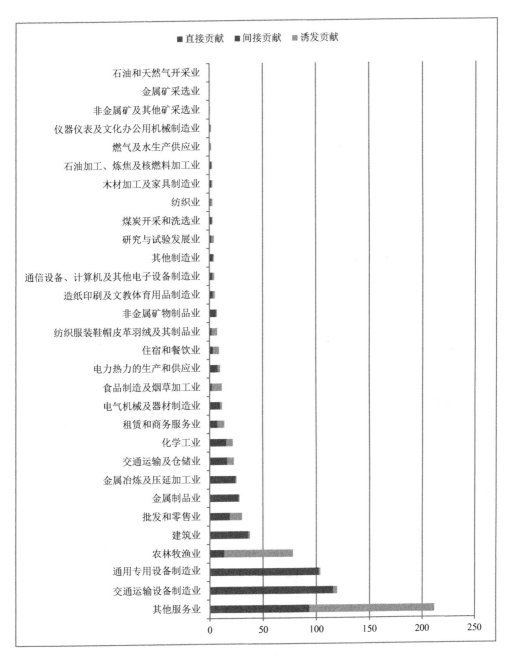

图 8　长三角地区实施《大气污染防治行动计划》对各行业居民收入的影响/亿元

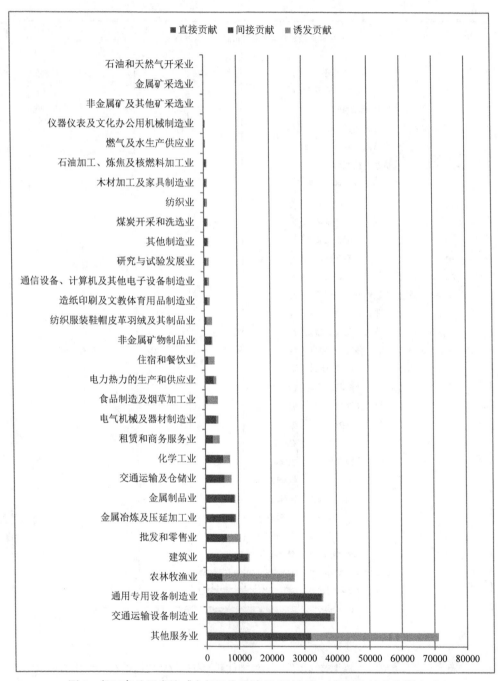

图9　长三角地区实施《大气污染防治行动计划》对各行业就业的影响/个

　　珠三角地区实施《大气污染防治行动计划》共计需要直接投资 903.58 亿元，模拟 2013～2017 年珠三角《大气污染防治行动计划》项目实施对该地区 GDP 和就业的影响效应，结果显示，项目实施将使珠三角地区 GDP 增长 852.85 亿元（5年合计，下同），增加就业岗位 7.48 万个。其中环保治理投资拉动 GDP 增长 1316.63亿元，增加就业岗位 15.30 万个。淘汰落后产能将在一定程度上对经济增长起到负面作用，造成 GDP 减少 463.78 亿元，减少就业岗位 7.83 万个（表 8）。就环境治理方面，珠三角地区 GDP 指标所受影响最大的行业是交通运输设备制造业、金属制品业和化学工业；居民收入和就业指标所受影响最大的行业是农林牧渔业、交通运输设备制造业和金属制品业。金融业、通用专用设备制造业、石油天然气开采业、房地产业、批发和零售业和电力热力生产供应业等行业在各项指标中同样属于收益较大的行业（图 10～图 12）。

表 8　珠三角地区实施《大气污染防治行动计划》对经济社会贡献效应测算结果

类别	GDP/亿元	就业岗位/个
投资拉动	1316.63	153 024
淘汰落后产能	−463.78	−78 266
合计	852.85	74 758

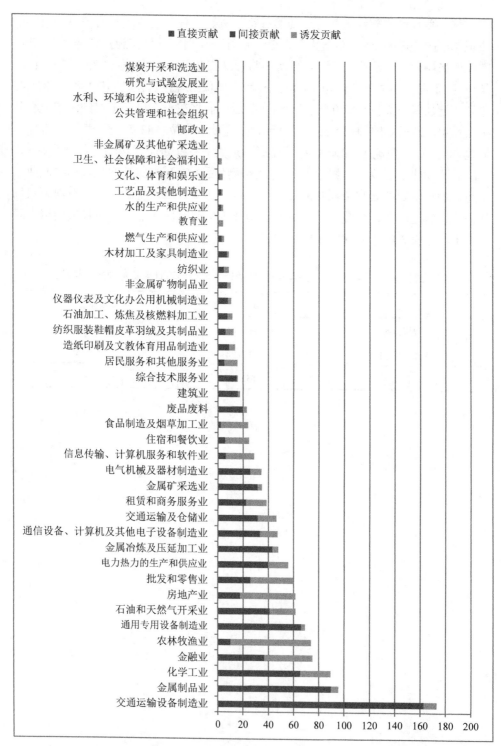

图 10　珠三角地区实施《大气污染防治行动计划》对各行业 GDP 的影响/亿元

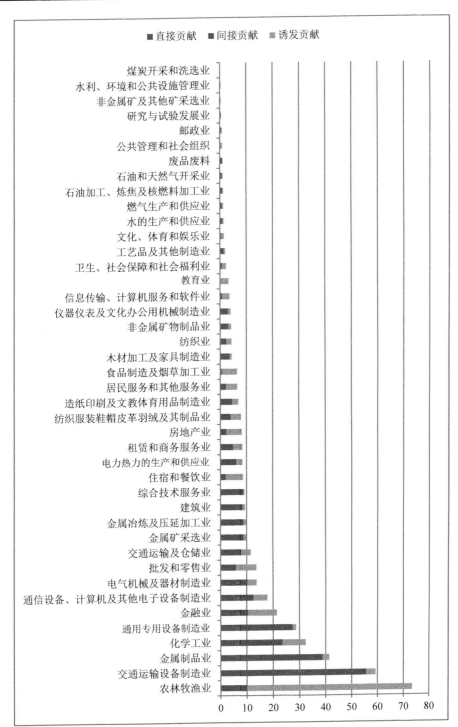

图 11　珠三角地区实施《大气污染防治行动计划》对各行业居民收入的影响/亿元

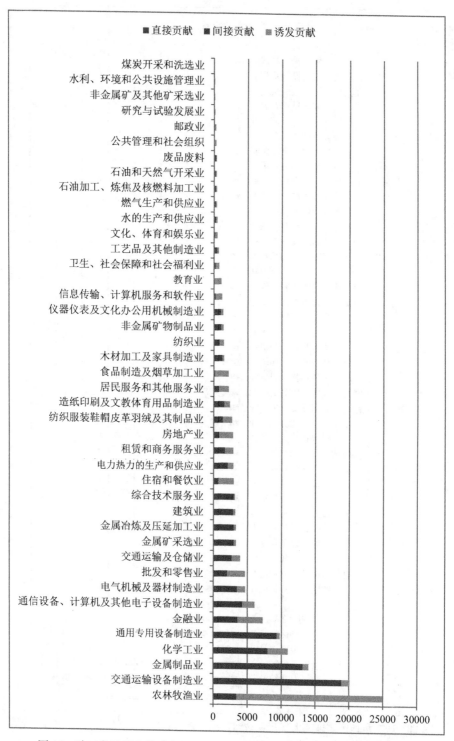

图 12　珠三角地区实施《大气污染防治行动计划》对各行业就业的影响/个

Summary

This project measured the investment demand of fulfilling China's air pollution prevention goals in 2017 based on the on-site research of the investment demand of fulfilling the air pollution prevention goals in Beijing-Tianjin-Hebei area, Yangtze River Delta, and Pearl River Delta. The project also analyzed the influence of the Air Pollution Prevention Action Plan on China's macro economy, national markets, technological advancement, and health. Further study has been conducted regarding to the investment and financing demand and approaches in key regions such as the Beijing-Tianjin-Hebei area. Specific policy suggestions of facilitating the implementation of the Air Pollution Prevention Action Plan have been illustrated. In May and August 2014, the research team conducted two field trips to the Beijing-Tianjin-Hebei area, the Yangtze River Delta, and Pearl River Delta, had a seminar with relevant local departments, visited local companies, and further studied the major measures, problems, and demands of air pollution prevention. On the basis of the field trip, a field research report was completed as well as policy suggestions of implementing the Air Pollution Prevention Action Plan.

1. The implementation of the Air Pollution Prevention Action Plan has been highly valued around China, and the evaluation of this plan can effectively enhance its efficiency

Nowadays, China is faced with severe air pollution situation, and the environmental problems caused by inhalable particles(PM_{10})and fine particles ($PM_{2.5}$) are increasingly prominent, which has seriously damaged public health and social stability. In order to promote air quality and ensure public health, the State Council issued the Air Pollution Prevention Action Plan in September 2013. Local governments were motivated to launch relevant regional plans to achieve the national plan. This report analyzed the investment and financing demand of key regional and national Air Pollution Prevention Action Plan, evaluated the potential effects of implementing the plan, and provided scientific support for the implementation of regional Air Pollution Prevention Action Plan.

2. The implementation of the Air Pollution Prevention Action Plan needs a

total direct investment of 1.84 trillion RMB

It is estimated that the total direct investment needs for achieving China's Air Pollution Prevention Action Plan amount to 1.84 trillion RMB. The investment needs for transformational measures, optimizing energy structure, mobile pollution control, industrial pollution control, and non-point pollution control are 284.4 billion, 1.4067 trillion, 91.54 billion, and 61.572 billion RMB （Table 1）.

Table 1   The total direct investment needs for China's Air Pollution Prevention Action Plan

Group	Measures			Investment /100 million RMB
Optimizing Energy Structure	Shut Down Coal-fired Boiler			324.00
	Update Coal-fired Boiler			2520.00
	Subtotal			2844.00
Mobile Pollution Control	Renewable Energy Automobiles	Natural Gas Cars	Cars	2950.55
			Gas Station	93.62
		Electric Cars	Cars	3258.06
			Power Station	142.43
	The Elimination of Yellow Sticker Vehicles			2816.00
	Upgrade Oil Quality			4807.00
	Subtotal			14067.66
Industrial Pollution Control	thermal Power		Desulphurization	60.50
			Denitrification	237.00
			Dust Elimination	77.27
	Iron and Steel	Sintering Machine	Desulphurization	54.01
			Dust Elimination	5.40
		Pellet	Desulphurization	1.28
	Cement		Denitrification	35.48
			Dust Elimination	3.59
	Petroleum and Chemical Industry	Desulphurization		28.93
		Oil and Gas Recycle	Oil Tank	25.49
			Gas Station	72.54
			Fuel Tank Car	3.29
	Other Particles Treatment			16.63
	VOC Comprehensive Treatment			294.04
	Subtotal			915.44
non-point pollution control	Dust Comprehensive Treatment		Construction Site	604.12
			Road	11.60
	Subtotal			615.72
Total				18 442.82

3. The direct investment demand for the Beijing-Tianjin-Hebei area, the Yangtze River Delta, and Pearl River Delta are 248.892 billion, 238.469 billion, and 90.358 billion RMB

The total direct investment need for the Air Pollution Prevention Action Plan in Beijing-Tianjin-Hebei area is 248.892 billion RMB. The investment needs for transformational measures, optimizing energy structure, mobile pollution control, industrial pollution control, and non-point pollution control are 63.655 billion, 76.777 billion, and 108.46 billion RMB. The total direct investment need for the Air Pollution Prevention Action Plan in the Yangtze River Delta is 238.469 billion RMB. The investment needs for transformational measures, optimizing energy structure, mobile pollution control, industrial pollution control, and non-point pollution control are 66.759 billion, 143.831 billion, and 27.879 billion RMB. The total direct investment need for the Air Pollution Prevention Action Plan in the Pearl River Delta is 90.358 billion RMB. The investment needs for transformational measures, optimizing energy structure, mobile pollution control, industrial pollution control, and non-point pollution control are 24.514 billion, 62.043 billion, and 3.801 billion RMB（Table 2～Table 4）.

Table 2   The total direct investment needs for China's Air Pollution Prevention Action Plan in Beijing-Tianjin-Hebei area

Group	Measures			Investment /100 million RMB
Optimizing Energy Structure	Shut Down Coal-fired Boiler			36.55
	Update Coal-fired Boiler			600
	Subtotal			636.55
Mobile Pollution Control	Renewable Energy Automobiles	New Energy Bus		139.84
		New Energy Car		49.3
		Power Station		4
		Charging pile		7.2
	The Elimination of Yellow Sticker Vehicles			146.68
	Upgrade Oil Quality			422.12
	Subtotal			769.14
Industrial Pollution Control	Thermal Power	Desulphurization		408.65
		Denitrification		102.3
		Dust Elimination		41.72
	Iron and Steel	Sintering Machine	Desulphurization	61.8
			Dust Elimination	22.89

续表

Group	Measures			Investment /100 million RMB
Industrial Pollution Control	Cement		Denitrification	1.3
			Dust Elimination	0.34
	Petroleum and Chemical Industry	Desulphurization		144.52
		Denitrification		213.17
		Dust Elimination		5.34
		VOC Comprehensive Treatment		30.51
		Oil and Gas Recycle	Oil Tank	11.85
			Gas Station	2.05
			Fuel Tank Car	38.16
	Subtotal			1084.6

Table 3　The total direct investment needs for China's Air Pollution Prevention Action Plan in the Yangtze River Delta

Group	Measures			Investment /100 million RMB
Optimizing Energy Structure	Shut Down Coal-fired Boiler			15.40
	Update Coal-fired Boiler			652.19
	Subtotal			667.59
Mobile Pollution Control	Renewable Energy Automobiles	Natural Gas Cars	Cars	107.14
			Gas Station	11.94
		Electric Cars	Cars	729.88
			Power Station	14.87
	The Elimination of Yellow Sticker Vehicles			91.30
	Upgrade Oil Quality			483.18
	Subtotal			1438.31
Industrial Pollution Control	Thermal Power		Desulphurization	2.31
			Denitrification	63.53
			Dust Elimination	30.91
	Iron and Steel	Sintering Machine	Desulphurization	10.46
			dust elimination	1.40
	Cement		Denitrification	7.14
			Dust Elimination	13.16
	Petroleum and Chemical Industry	Desulphurization		5.25
		Oil and Gas Recycle	Oil Tank	3.92
			Gas Station	11.80
			Fuel Tank Car	0.36
	VOC Comprehensive Treatment			128.56
	Subtotal			278.79

Table 4 The total direct investment needs for China's Air Pollution Prevention Action Plan in the Pearl River Delta

Group	Measures			Investment /100 million RMB
Optimizing Energy Structure	Coal-fired Boiler clean Energy Substitution			25.14
	Industrial Agglomeration Area of Central Heating			220.00
	Subtotal			245.14
Mobile Pollution Control	Electric Cars		Cars	318.84
			Power Station	86.40
	The Elimination of Yellow Sticker Vehicles			28.35
	Upgrade Oil Quality			186.84
	Subtotal			620.43
Industrial Pollution Control	Thermal Power		Desulphurization	0.16
			Denitrification	4.68
			Dust Elimination	5.61
	Iron and Steel	Sintering Machine	Dust Elimination	0.31
	Cement		Denitrification	1.13
			Dust Elimination	0.0046
	Petroleum and Chemical Industry	Desulphurization		0.95
	VOC Comprehensive Treatment			25.17
	Subtotal			38.01

4. The financing for air pollution prevention in China is faced with problems including lack of total investment, over depended on the government, and lack of financing channels, which are challenges for meeting the goals of Action Plan by 2017

The national investment on air pollution prevention mainly focuses on industrial pollution treatment, which amounts to 213 billion RMB from 2010~2015. The total investment on transportation pollution control amounts to 94 billion RMB. However, it is estimated that the total investment needs for eliminating yellow-label cars is 281.6 billion RMB and 1.4 trillion RMB for the transportation pollution control, which indicates a large investment gap. In 2012, the total investment for waste air control amounts to 25.77 billion RMB, accounting for 0.05% of the national GDP. It has been shown that the investment deficit for air pollution control is significant. Hence, it is very necessary to increase the investment for air pollution control. Under a market-driven economy, enterprises should play a major role in environmental investment. In China, however, enterprises lack the passion for environmental investment which makes the government the driving force of environmental investment. Due to the lack of institutional buildings, market approaches, and legal supports as well as high risk, enterprises are not effectively motivated to invest on environmental industry. The key reason that the investors are less confident about environmental industry and the financing gap for environmental infrastructure is due to the uncompleted market mechanism, which impedes outer investment.

5. By the end of Action Plan, the chronic death toll in 2017 would drop 110 663, due to the implementation of the Air Pollution Prevention Action Plan. The average lifespan would be extended: male's average lifespan extended 0.24~1.48 years, and female's average lifespan would be extended 0.34~3.48 years

The number of deaths caused by respiratory diseases declined significantly.By 2017, the chronic death toll will reduce 110 663 per year because of the implementation of the action plan, accounting for 0.15‰ of the total population. In particular, Hebei Province enjoys the most reduction of death toll because of the action plan. The number of patients suffering from respiratory diseases also falls, and acute bronchitis is particularly prominent. By 2017, the number of patients suffering from acute bronchitis will reduce 2 105. It is indicated that the average life span will be extended: male's average lifespan will be extended 0.24~1.48 years, and female's average lifespan will be extended 0.34~3.48 years. The most significant life span extension will be the Beijing Tianjin Hebei region, which is significantly higher than other provinces and cities. The city of Beijing, in particular, ranks first regarding to life extension.This is related to the fact that Beijing has a high base number of $PM_{2.5}$concentration and more stringent requirements for emission reduction. For people under 65, the life extension is more outstanding compared to elder people, with an extension of 0.37~3.77 and 0.2~1.19 respectively.

6. China's Air Pollution Prevention Action Plan could stimulate the growth of national GDP by 2040.301 billion RMB and the growth of employment by 2.91 million

The overall investment for the implementation of China's Air Pollution Prevention Action Plan is 1.844 trillion RMB, which can stimulate the growth of national GDP by 2040.301 billion RMB and the growth of employment by 2.91 million. Among it, the environmental pollution improvement can stimulate the growth of GDP, which is 2816.558 billion RMB and the growth of employment is 0.38 million RMB.

The elimination of backward production capacity has negative effect on the economic growth and reduces the GDP and employment, which is 776.257 billion RMB and 891,798 respectively (Table5). It has been shown that the Air Pollution Prevention Action Plan has contributed significantly to boom the economic development, enforce inner consumption, and create more jobs. The industries that are most influenced by the action plan are: transport equipment manufacturing, general and special equipment manufacturing industry, agriculture forestry animal husbandry and fishery, metal smelting and rolling processing industry, chemical industry, metal products manufacturing, wholesale and retail, finance, education, industry and the transportation and warehousing industry (Figure 1~Figure 3).

Table 5   The Air Pollution Prevention Action Plan Implementation of the Investment Contribution to Economic and Social Effect of Measurement Results in China

Type	GDP /100 million RMB	Employment /person
The positive effect	28 165.58	3 803 122
Thenegative effect	-7762.57	-891 798
The total effect	20403.01	2911 324

7. The investment on the Air Pollution Prevention Action Plan in key areas creates positive effects on GDP and employment rate

The total investment needs for the implementation of the action plan in the Beijing-Tianjin-Hebei area is 248.892 billion RMB, which stimulates an increase of GDP and empolyment,which is 3.566 billion RMB and 40.808 respectivly. Among it, the environmental pollution improvement can stimulate the growth of GDP, which is 286.9816 billion RMB and the growth of employment is 227,918. The elimination of backward production capacity has negative effect on the economic growth and reduces the GDP and employment, which is 283.416 billion RMB and 187.11 respectively (Table 6). The industries that are most influenced are: general and special equipment manufacturing, service industry and metal smelting and rolling processing, other services, general and special equipment manufacturing industry, Agriculture Forestry Animal Husbandry and fishery, transportation equipment manufacturing, chemical industry, metal products manufacturing, wholesale and retail, construction and transportation, and warehousing industry (Figure 4~Figure 6).

Table 6　Air Pollution Prevention Action Plan Implementation of The Investment Contribution to Economic and Social Effect of Measurement Results in the Beijing-Tianjin-Hebei

Type	GDP /100 million RMB	Employment /person
The positive effect	2869.82	227 918
Thenegative effect	−2834.16	−187 110
The total effect	35.66	40 808

Figure 1　Contribution of National Air Pollution Prevention Plan to the GDP of Industries /100 million RMB

Figure 1   Contribution of National Air Pollution Prevention Plan to the Income of Industries

/100 million RMB

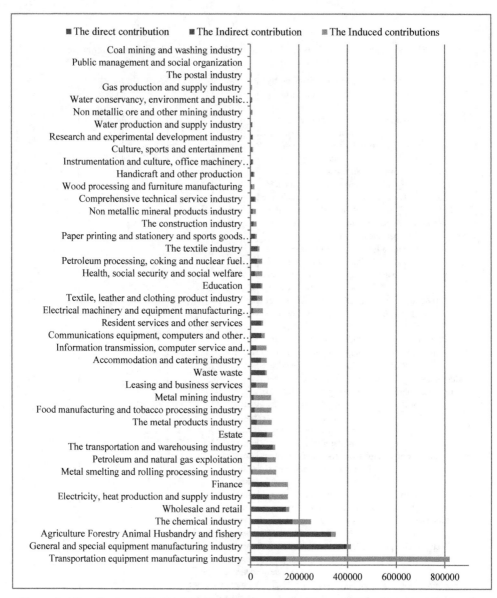

Figure 2　Contribution of National Air Pollution Prevention Plan to the Employment of Industries

/person

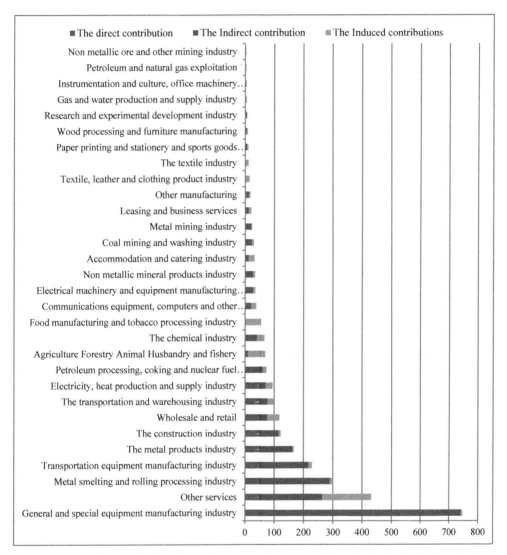

Figure 4　Contribution of Air Pollution Prevention Plan to the GDP of Industries in Beijing Tianjin

Hebei Region /100 million RMB

Figure 5　Contribution of Air Pollution Prevention Plan to the Income of Industries in Beijing
Tianjin Hebei Region /100 million RMB

Figure 6   Contribution of Air Pollution Prevention Plan to the Employment of Industries in Beijing
Tianjin Hebei Region /person

The total investment demand for the implementing the action plan in the Yangtze River Delta area is 238.47 billion RMB, which stimulates an increase of GDP and empolyment, which is 278.203 billion RMB and 238 285 respectivly. Among it, the environmental pollution improvement can stimulate the growth of GDP, which is 316.68 billion RMB and the growth of employment is 265.484. The elimination of backward production capacity has negative effect on the economic growth and reduces the GDP and employment, which is 38.477 billion RMB and 27 199 respectively （Table 7）. The industries that are most influenced are: other service industry, transportation equipment manufacturing industry and the general and special equipment manufacturing; metal smelting and rolling processing industry, chemical industry, metal products manufacturing, wholesale and retail industry, agriculture, construction and transportation and warehousing industry（Figure 7～ Figure 9）.

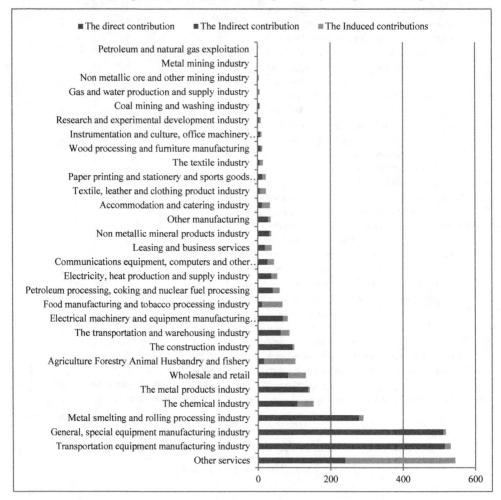

Figure 7　Contribution of Air Pollution Prevention Plan to the GDP of Industries in Yangtze River Delta Region /100 million RMB

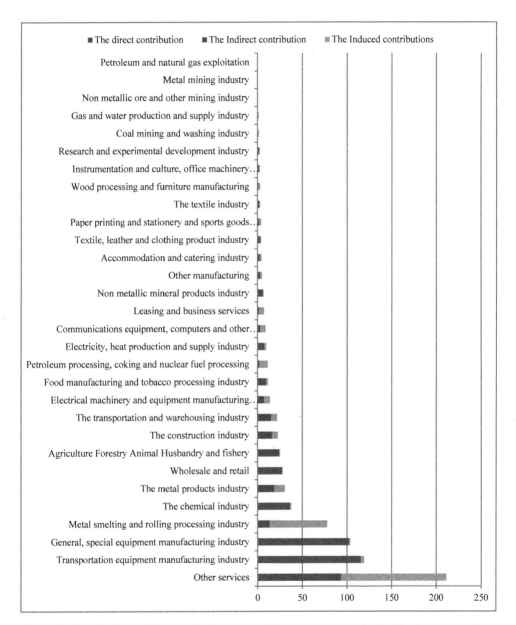

Figure 8   Contribution of Air Pollution Prevention Plan to the Income of Industries in Yangtze River Delta Region /100 million RMB

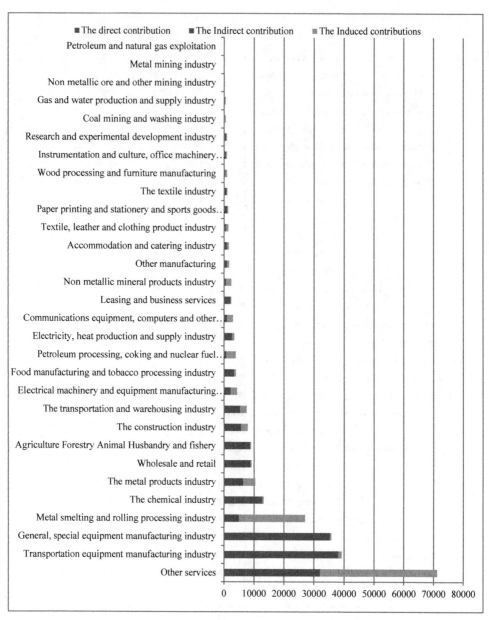

Figure 9   Contribution of Air Pollution Prevention Plan to the Employment of Industries in Yangtze

River Delta Region /100 million RMB

Table 7 Air Pollution Prevention Action Plan Implementation of the Investment Contribution to Economic and Social Effect of Measurement Results in the Yangtze River Delta area

Type	GDP /100 million RMB	Employment /person
The positive effect	3166.8	265484
The negative effect	−384.77	−27199
The total effect	2782.03	238285

The total investment needs for the implementation of the action plan in the Pearl River Delta area is 90.358 billion RMB, which stimulates an increase an increase of GDP and employment, which is 85.285 billion RMB and 74 758 respectively. Among it, the environmental pollution improvement can stimulate the growth of GDP, which is 131.663 billion RMB and the growth of employment is 153 024. The elimination of backward production capacity has negative effect on the economic growth and reduces the GDP and employment, which is 46.378 billion RMB and 78 266 respectively(Table 8).The industries that are most influenced are: Transportation equipment manufacturing, metal products industry and the chemical industry, agriculture, transportation equipment manufacturing industry and metal industry, the financial industry, general equipment manufacturing, oil and gas industry, the real estate industry, the wholesale and retail industry and the electric heat production and supply industry(Figure 10~Figure 12).

Table 8 Air Pollution Prevention Action Plan Implementation of the Investment contribution to Economic and Social Effect of Measurement Results in the Pearl River Delta

Type	GDP /100 million RMB	employment /person
The positive effect	1316.63	153 024
The negative effect	−463.78	−78 266
The total effect	852.85	74 758

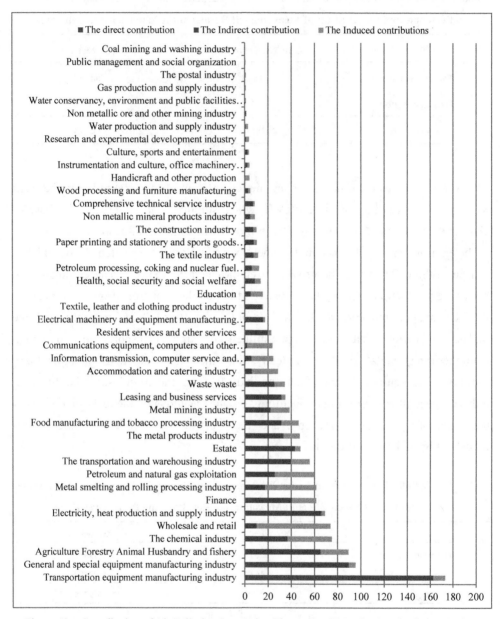

Figure 10　Contribution of Air Pollution Prevention Plan to the GDP of Industries in Pearl River

Delta Region /100 million RMB

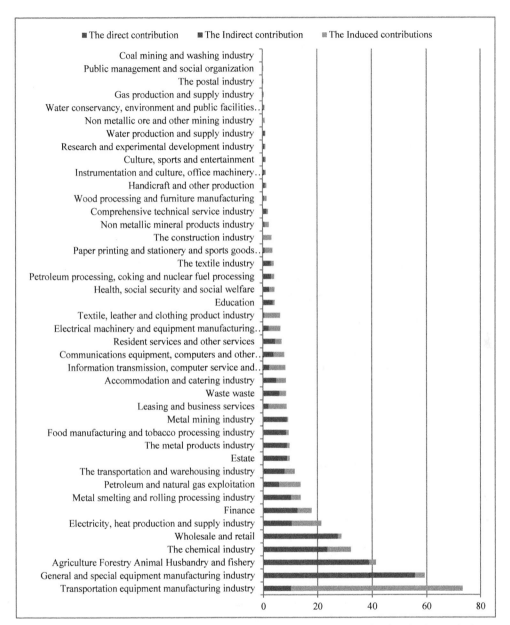

Figure 11   Contribution of Air Pollution Prevention Plan to the Income of Industries in Pearl River

Delta Region /100 million RMB

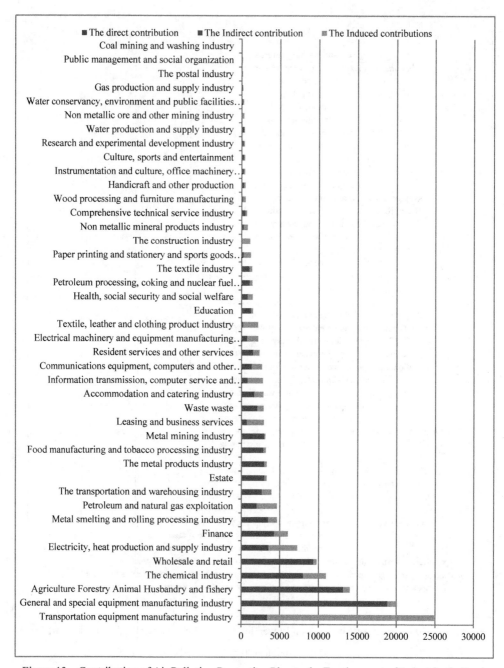

Figure 12　Contribution of Air Pollution Prevention Plan to the Employment of Industries in Pearl River Delta Region /person

目　　录

第1章 背景与框架

1.1 背景与意义

在中国，以细颗粒物（$PM_{2.5}$）为特征污染物的区域性大气污染问题日渐加剧，损害人民群众身体健康，引起全社会的广泛关注。2013 年，中国出现了大空间尺度的雾霾污染，范围波及 25 个省份，100 多个大中型城市，中国平均雾霾天数达 29.9 天，受影响人口超过 8 亿。2013 年 1 月北京 $PM_{2.5}$ 浓度月平均值达到 180 微克/立方米，石家庄 $PM_{2.5}$ 小时均值高达 660 微克／立方米。这不仅引起了社会公众的不满，也影响了中国在国际上的形象。由此可见，随着中国工业化、城镇化的深入推进，能源资源消耗持续增加，大气污染防治压力继续加大。当前，$PM_{2.5}$ 已经成为与 GDP、CPI 同等重要的新"3P"问题之一，大气污染形势十分严峻。

在这种背景下，国务院制定并于 2013 年 9 月 10 日发布了《大气污染防治行动计划》，该计划拟用 5 年时间，即到 2017 年，实现中国地级及以上城市可吸入颗粒物（PM_{10}）浓度比 2012 年减少 10%以上，优良天数逐年增加；京津冀、长三角、珠三角等区域细颗粒物（$PM_{2.5}$）浓度分别减少 25%、20%、15%左右，其中北京市 $PM_{2.5}$ 年均浓度控制在 60 微克/立方米左右。为实现该目标，中国政府从强化污染综合治理、优化产业结构和用能结构等提出了十条计划。该举措力度之大前所未有，反映了中国政府加快治理大气污染，维护公众健康，解决民生最为关注的 $PM_{2.5}$ 问题的决心。

然而，从中国大气污染防治的形势看，未来几年状况可能不容乐观，该计划的目标设置对中国政府而言将是一项巨大的挑战。目前中国正处于工业化中期向工业化后期过渡的时期，这一进程可能需要 15 年才能完成；同时中国正处于快速城市化时期，要达到 70%～80%城市化稳定水平也还需要相当长的时期。中国现在的单位 GDP 能耗还很高（是日本的 4 倍多），能源结构仍以煤炭为主，煤耗比重约占到总能耗的 70%。客观地说，在这种形势下，实现该项目标是一项宏大的战略工程。为此，中国政府应从大气污染防治的源头、过程以及终端系统考虑，从产业结构、用能结构、污染综合治理等入手，采取多种措施，狠抓责任落实，动员社会力量，突出解决重点问题，力争实现计划设定的目标。

　　《大气污染防治行动计划》的实施，标志着中国将以前所未有的力度开展大气污染防治工作。然而从国际社会的经验可以知道，治理大气污染是一项复杂而艰巨的工作，需要国家和地方大量资金和人员长期持续的投入。本书基于大气污染防治计划的背景分析，对京津冀、长三角以及珠三角典型地区大气污染防治计划目标实现的投入需求进行实地调研，进而测算中国实现 2017 年大气污染防治计划目标所需的资金需求；分析《大气污染防治行动计划》对中国宏观经济、市场、技术进步及健康效益的影响；研究京津冀等重点区域的投融资需求及渠道，为推进大气污染防治计划的顺利实施提供具有针对性的政策建议。

1.2　国内外研究现状

　　现有许多国家对大气污染治理高度重视，他们关注的不仅仅是投入资金的多少，而是用收益来比较衡量大气污染治理的投入，特别是健康收益。2005 年，AEA 技术环境协会受欧盟委员会委托，对欧洲空气清洁计划所带来的成本效益进行研究，分析这些政策所带来的各种影响。2006 年英国环境—食物—农村事务部（DEFRA）发布了空气质量战略的经济分析研究，这份研究对健康影响进行了货币估值，从而确定了减少大气污染物排放与保证人类健康之间的关系。

　　由 IIASA 开发的 RAINS（Regional Air pollution INformation and Simulation）模型在 20 世纪末就已成为欧洲国家进行国际污染物排放控制战略谈判中的常用分析工具，在欧盟 1999 年的《国家排放上限指令》及 2005 年采用的欧洲清洁空气计划（CAFE）中均有良好的应用。RAINS 的进化版 GAINS（Greenhouse gas–Air pollution INteractions and Synergies）分析模型更是增加了最新的大气污染物研究进展，以及温室气体减排的内容，继续成为欧洲乃至全球针对大气污染物控制的有效分析工具。

　　美国环境保护局（EPA）也开发了 AirControlNET 数据库，帮助选择污染物排放控制措施并对其进行成本效益分析，AirControlNET 涵盖了美国污染物排放清单里的多种大气污染物（包括 NO_x, SO_2, VOC, PM_{10}, $PM_{2.5}$, NH_3, CO 和 Hg）的具体控制手段与成本信息，是进行政策分析的优良工具。2011 年 EPA 发表了关于 1990～2020 年大气清洁行动计划（CAAA）的研究，研究分析了 6 种污染物（VOCs, NO_x, SO_2, CO, PM_{10} 及 $PM_{2.5}$）的减排效果，对该减排所涉及的直接投资以及相应的收益（健康、生态与社会福利）进行评估，得出结论 CAAA 的效益将远大于投入成本。1990～2020 年，美国大气污染防治投资金额呈上升状态，到 2020 年，成本达到每年 650 亿美元；同时收益也在日益增长，并远大于成本，到 2020 年，据估算所有收益将达到 2 万亿美元。尽管 GAINS 模型有亚洲及中国的分析模块，但由于其数据更新迟缓，社会经济因素考虑不周，时空精度不高，很难在中国的政策决策中得到广泛应用。目前许多学者正在开展中国污染物控制措施及经济性评估数据库的研发工作。

王金南等（2010）利用人力资本（human capital）与疾病成本法，以 2009 年 613 个县及县以上城市的环境监测数据为基础，对中国 PM_{10} 空气质量标准变化可能产生的人体健康效益进行了估算。研究结果表明，2009 年 PM_{10} 没有达到新二级标准的城市，因大气污染而导致的过早死亡人数为 29.8 万人，导致的呼吸系统和循环系统疾病住院人数约为 46.3 万人，造成约 2754.3 亿元的人体健康损失。如果实施新标准并假定所有没有达到二级标准的城市都达到二级标准，因大气污染损失而过早死亡的人数会减少 4.76 万人，占总大气污染导致的过早死亡人数的 15.9%；呼吸系统和循环系统疾病住院人数会减少 14.1 万人，占大气污染导致的呼吸系统和循环系统住院人数的 30.5%。按人力资本和疾病成本法估算，实施 PM_{10} 新标准产生的人体健康效益是 511 亿元，占总大气污染健康损失的 18.5%；如果采用国际上普遍采用的支付意愿法（WTP）计算，实施 PM_{10} 新标准将可能产生约 835 亿元的人体健康效益。

2008 年王冲等开发设计了"济南市大气污染治理成本效益分析系统"，实现了数据管理、成本计算、污染损失评价、成本效益综合分析等功能。王奇和夏溶矫（2012）以工业 SO_2 削减变化量表征大气污染治理投资效果，通过对数平均迪氏分解（LMDI）法，探讨了投资规模、地区分布结构和污染治理的技术效率对中国大气污染投资效果的影响。结果表明，投资规模增加是大气污染治理投资效果提升的主要因素。

综上所述，国内虽有相关研究，但关于投融资问题还无系统的理论支撑，导致研究并不深入，另外中国的环保资本和投资市场尚未形成、资金来源渠道不畅、多元化的融资体系不健全，所以这也会成为达到大气预期治理效果的障碍。

1.3　技术路线

本书所涉及项目采用的研究路线如图 1-1 所示。

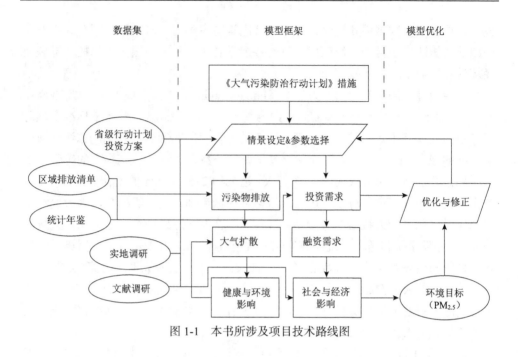

图 1-1　本书所涉及项目技术路线图

1.4　本书主要内容

1.4.1　背景分析

（1）中国大气污染状况及对社会经济发展的制约。分析中国大气污染状况，包括污染源、污染行业部门分布、污染强度等，识别导致中国大气污染环境状况的根源，分析中国的大气污染治理进展。开展大气污染问题对社会经济发展的影响分析，主要分析大气污染问题对中国社会经济发展的约束。

（2）分析国际上空气污染事件后的产业转型的经验。分析英国、美国等典型国家大气污染事件后的社会各方反应、政府治理政策反应。采取案例分析法，系统分析典型国家的污染防治经验，以及在大气污染事件危机后的产业转型对策经验。

（3）分析中国的大气治理政策状况及努力。从行政管制、经济激励政策、公众参与及自愿政策等 4 个维度，系统分析中国的大气治理政策状况，识别中国政府应对大气污染防治的努力及成效，以及政策短板及难点。

（4）分析《大气污染防治行动计划》的目标定位与挑战。分析大气污染行动计划目标定位的合理性，采用情景分析法，分析中国在未来 5 年的工业化、城市化、能耗变化等发展情境下的《大气污染防治行动计划》目标实现的难度与挑战。

（5）分析《大气污染防治行动计划》的核心政策。分析中国政府颁布的《大气污染防治行动计划》的十条任务中的核心政策，将这些政策按照行政管制、经济激励、公众参与进行归类，以定性与定量结合的方式，全面分析这些核心政策对大气污染防治计划任务的支撑作用。

1.4.2　《大气污染防治行动计划》投融资需求分析

（1）计划达标实施的投资需求分析。在采取实地调研法调研京津冀、长三角和珠三角典型地区大气污染防治计划目标实现的投入需求基础上，测算中国实现2017 年大气污染防治计划目标所需的投资需求。测算需求包括电力、钢铁、水泥等落后产能淘汰、清洁能源替代、机动车污染防治（油品升级、排放标准升级、新能源汽车、黄标车退出等）、电力、钢铁等工业企业污染治理、建筑施工等面源污染综合整治、大气防治能力建设等的投入需求。

（2）推进计划实施的投融资渠道分析。从政府财政和市场 2 个维度分析大气污染防治行动计划实施可能的融资渠道。对于政府财政政策，主要集中在中央财政政策，包括区域大气污染防治基金或者专项资金、政府补贴包括排污收费在内的税费政策、政府绿色采购等。市场经济政策包括企业投入和社会融资 2 个领域。企业投入主要包括"三同时"投入、污染源治理投入、排污收费返回、达标治理奖励等；社会融资包括（市政以及企业）债券、绿色信贷、节能环保设施租赁、排污权抵押、税费补贴优惠政策激励环境服务公司等。

1.4.3　《大气污染防治行动计划》投融资影响分析

（1）分析《大气污染防治行动计划》实施对中国宏观经济影响。包括对 GDP 的正负影响，衡量计划对绿色 GDP 的拉动效应、计划对就业的影响，对绿色就业的拉动。分析计划对产业结构的调控效应，分析受益以及受影响行业部门情况，重点分析大气污染防治计划实施后，预测对火电、钢铁、水泥行业及机动车发展的影响。分析投资对未来经济发展的综合影响。

（2）分析《大气污染防治行动计划》对市场的影响，主要包括形成的环保产业的规模，对环保产业的拉动效应等。

（3）技术进步影响分析。分析《大气污染防治行动计划》对清洁技术应用与技术进步的影响。包括对不同行业部门的污染控制技术、监测和评估技术、替代能源技术等的影响，提出可行的节能减排推荐技术方案。

（4）《大气污染防治行动计划》的健康效益分析。基于流行病学方法，对大气污染防治行动计划实施的主要环境健康效益进行评估。根据数据可获性水平，分别对过早死亡、呼吸系统住院治疗、循环系统住院治疗以及门诊（急诊）等健康效益进行评估。

1.4.4　重点区域资金需求和融资渠道分析

（1）重点区域资金需求分析。根据京津冀、长三角等重点地区的大气污染防治目标，以长三角为典型调研地区，分别分析京津冀、长三角、珠三角地区及其他地区的资金需求。

（2）重点区域的融资渠道分析。结合长三角典型地区调研，分析典型区域可行的投融资渠道，根据政策优选法，提出典型区域的投融资政策方案。

1.4.5　推进《大气污染防治行动计划》实施的政策建议

（1）结合本书的研究结论，从投融资需求、投融资渠道、投融资影响，重点区域、行业影响等多个角度提出推进大气污染防治计划实施的政策建议。

（2）针对环境保护部、国家发展和改革委、工业和信息化部等不同政府部门，分别提出政策建议。

第2章 中国《大气污染防治行动计划》任务分解

2.1 中国《大气污染防治行动计划》出台及实施

为有效控制大气污染、切实改善空气质量，国务院于2013年9月10日印发了《大气污染防治行动计划》，确立了大气污染治理奋斗目标："经过5年努力，重污染天气大幅减少，中国环境空气质量有所改善，京津冀、长三角、珠三角等区域空气质量明显好转。力争再用5年时间，基本消除重污染天气，中国环境空气质量明显改善。"为达到该目标所设定的具体指标为："到2017年，中国地级以上城市PM$_{2.5}$浓度比2012年下降10%以上，优良天数逐年提高。京津冀、长三角、珠三角等区域PM$_{2.5}$浓度分别比2012年下降超过25%、20%、15%，其中北京市PM$_{2.5}$年均浓度控制在60微克/立方米。"

《大气污染防治行动计划》同时确定了计划实施的总体要求，即"以保障人民群众身体健康为出发点，大力推进生态文明建设，坚持政府调控与市场调节相结合、全面推进与重点突破相配合、区域协作与属地管理相协调、总量减排与质量改善相同步，形成政府统领、企业施治、市场驱动、公众参与的大气污染防治新机制，实施分区域、分阶段治理，推动产业结构优化、科技创新能力增强、经济增长质量提高，实现环境效益、经济效益与社会效益多赢，为建设美丽中国而奋斗。"

为贯彻落实《大气污染防治行动计划》，中国各地纷纷结合本地区大气污染形势，出台了相应的大气污染防治方案。2013年9月17日，环境保护部、国家发展和改革委等6部委联合印发《京津冀及周边地区落实大气污染防治行动计划实施细则》，启动由北京市牵头的六省区市协作机制。北京市作为大气污染防治行动计划的带头城市，积极响应了国务院发布的《大气污染防治行动计划》，在2013年9月12日发布《北京市2013～2017年清洁空气行动计划》。《北京市2013～2017年清洁空气行动计划》不仅确定空气质量改善的总目标，还明确八大污染减排工程、六大实施保障措施和三大全民参与行动，对政府、企业、公众都提出具体措施和目标。天津市政府也于2013年9月28日印发《天津市清新空气行动方案》，河北省于2013年9月12日正式发布《河北省大气污染防治行动计划实施方案》。

长三角两省一市（江苏省、浙江省和上海市）先后出台《浙江省大气污染防治行动计划（2013～2017 年)》、《上海市清洁空气行动计划》、《江苏省大气污染防治行动计划实施方案》、《上海市环境空气质量重污染应急方案》、《江苏省重污染天气应急预案（修订草案)》等一系列行动方案，并联合颁布《长三角区域落实大气污染防治行动计划实施细则》，有力地推动长三角地区的大气污染防治和区域环境质量改善工作。另外，广东省人民政府于 2014 年 2 月出台《广东省大气污染防治行动方案》，明确 2014～2017 年广东省大气污染治理的工作目标。

2.2　中国实施《大气污染防治行动计划》任务分解

本书根据《大气污染防治行动计划》中的整治对象进行分类，将其分为清洁能源、机动车及工业整治三个方面，并根据计划中的内容提出三个时间节点，分别为 2013～2014 年、2015 年及 2016～2017 年。此外一部分整改项目的具体措施通过相关的政策进行补充（表 2-1）。

表 2-1　大气污染防治行动计划实施路线

项目	类别	措施			相关政策文件
		第一阶段 (2013~2014 年)	第二阶段 (2015 年)	第三阶段 (2016~2017 年)	
	燃煤锅炉	淘汰、整治燃煤小锅炉		除必要保留的以外，地级及以上城市建成区基本淘汰每小时 10 蒸吨及以下的燃煤锅炉，禁止新建每小时 20 蒸吨以下的燃煤锅炉；其他地区原则上不再新建每小时 10 蒸吨以下的燃煤锅炉	《大气污染防治行动计划》国发 (2013) 37 号
清洁能源替代	煤炭	控制煤炭消费总量		煤炭占能源消费总量比重降低到 65% 以下	
		提高煤炭洗选比例		原煤入选率达到 70% 以上。禁止进口高灰份、高硫分的劣质煤炭，研究出台煤质质量管理办法。限制高硫石油焦的进口	
	天然气	加大天然气、煤制天然气、煤层气供应	新增天然气干线管输能力 1500 亿立方米以上，覆盖京津冀、长三角、珠三角等区域		
	其他能源	积极有序发展水电，开发利用地热能、风能、太阳能、生物质能、安全高效发展核电		运行核电机组装机容量达到 5000 万千瓦，非化石能源消费比重提高到 13%	
机动车整治	新能源汽车	大力推广新能源汽车	北京、上海、广州等城市每年新增或更新的公交车中新能源和清洁燃料车比例超过 60%		《大气污染防治行动计划》国发 (2013) 37 号
	低速汽车	加快推进低速汽车升级换代		新生产的低速货车执行与轻型载货车同等的节能与排放标准	
	黄标车	加快淘汰黄标车和老旧车辆	淘汰 2005 年前注册营运的黄标车，基本淘汰京津冀、长三角、珠三角等区域内的 500 万辆黄标车	基本淘汰中国范围内的黄标车	

续表

项目	类别	措施 第一阶段（2013～2014 年）	措施 第二阶段（2015 年）	措施 第三阶段（2016～2017 年）	相关政策文件
油品质量		提升燃油品质、加快石油炼制企业升级改造		中国供应应符合国家第五阶段标准的车用汽、柴油。加强油品质量监督检查，严厉打击非法生产、销售油品不合格油品行为	《大气污染防治行动计划》国发〔2013〕37号
油品质量		力争在 2013 年前，中国供应符合国家第四阶段标准的车用汽油、柴油，在 2014 年前，中国供应符合国家第四阶段标准的车用柴油			
工业企业污染治理	锅炉	实施脱硫	每小时 20 蒸吨及以上的燃煤锅炉要实施脱硫		
工业企业污染治理	锅炉	除尘设施	燃煤锅炉和工业窑炉现有除尘设施要升级改造		
工业企业污染治理	电厂、钢铁、石化等行业	脱硫	钢铁企业的烧结机和球团生产设备，石油炼制企业的催化裂化装置，有色金属冶炼企业都要安装脱硫设施		
工业企业污染治理		脱硝	除循环流化床锅炉以外的燃煤机组均应安装脱硝设施，新型干法水泥窑要实施低氮燃烧技术改造并安装脱硝设施		
工业企业污染治理	清洁生产	全面推行清洁生产，对钢铁、水泥、化工、石化、有色金属冶炼等重点行业进行清洁生产审核，实施清洁生产技术改造		重点行业排污强度比 2012 年下降 30%以上	《大气污染防治行动计划》国发〔2013〕37号

续表

项目	类别	措施			相关政策文件
		第一阶段（2013～2014 年）	第二阶段（2015 年）	第三阶段（2016～2017 年）	
工业企业污染治理	循环经济	大力发展循环经济		单位工业增加值能耗比 2012 年降低 20%左右，在 50%以上的各类国家级园区和 30%以上的各省省级园区实施循环化改造，主要有色金属品种以及钢铁的循环再生比重达到 40%左右	
	钢铁、水泥、电解铝、平板玻璃等行业	淘汰钢铁、水泥、电解铝、平板玻璃等行业落后产能	再淘汰炼铁 1500 万吨、炼钢 1500 万吨、水泥（熟料及粉磨能力）1 亿吨、平板玻璃 2000 万重量箱		《部分工业行业淘汰落后生产工艺装备和产品指导目录（2010 年本）》 《产业结构调整指导目录（2011 年本）（修正）》
		完成钢铁、水泥、电解铝、平板玻璃等 21 个重点行业淘汰任务			
	淘汰政策	制定落后产能淘汰政策		各地区要制定范围更宽、标准更高的落后产能淘汰政策，再淘汰一批落后产能	

第3章　方　法　学

本书的核算方法主要依托《大气污染防治行动计划》，由政策对应的项目内容而定，并在政策项目严格执行的假设条件下进行投资需求核算。根据《大气污染防治行动计划》相关规定，此投资需求主要从能源结构调整、移动源污染防治、工业企业污染治理及面源污染治理等4个部分来核算。其中由于地区数据过细，面源污染治理数据难以获取，因此三大重点地区的投资需求并不包括面源污染治理，只对中国面源污染治理核算相应的投资额。此外，核算的投资总需求指包括政府补贴在内的社会所有投资。

3.1　投资需求核算方法

3.1.1　能源结构调整投融资需求测算方法

《大气污染防治行动计划》中涉及的能源结构调整项目主要包括淘汰落后产能、淘汰燃煤锅炉、改造燃煤锅炉及产业园区集中供热等。从实地调研情况来看，部分企业反映政府没有给予淘汰落后产能的相关补贴，并且国家及大部分地区并没有公布有关淘汰落后产能的补贴细则，因此本书没有核算淘汰落后产能的投资需求，能源结构调整投资需求核算仅包括：淘汰燃煤锅炉、改造燃煤锅炉及产业园区集中供热。以下给出的测算方法力求详细完整，因此对各地政府测算本地区《计划》投资需求具有借鉴意义，但由于数据可获性，本书中一些项目实际测算过程会在此基础上进行简化。

（1）淘汰燃煤锅炉

淘汰燃煤锅炉涉及的投资需求主要为政府投资，该政府投资是指当地政府淘汰燃煤锅炉所需投入的补贴资金，需要说明的是，本书中测算的补贴需求并非等于实际的投资需求，而为实际投资需求的最低限（下同）。通过实地调研，我们确定了在2013～2017年间燃煤锅炉的淘汰量及淘汰补贴单价，并根据以下公式进行测算：

$$CC_i = Q_i \times A_i \qquad (3\text{-}1)$$

式中，CC_i 为 i 地区关停燃煤锅炉投资额；Q_i 为 i 地区需关停燃煤锅炉蒸吨数量；

A_i 为 i 地区关停燃煤小锅炉补贴额，单位为元/蒸吨。

（2）燃煤锅炉改造

燃煤锅炉改造技术主要分为"煤改电"、"煤改气"和"生物质能源替代"等，以此来确保达标排放，3 种改造技术中"煤改气"更为普遍。燃煤锅炉改造涉及的投资需求包括一次性投资成本、运行成本及政府补贴。由于数据可获性，本书中只测算了"煤改气"锅炉的投资需求。通过实地调研确定小锅炉改造数量及单位成本，并根据以下公式进行测算：

$$CC_i = \sum_{j,k} CC_{i,j,k} \times N_{i,j} \times \mu_{i,j,k} \tag{3-2}$$

式中，CC_i 为 i 地区燃煤锅炉改造的一次性投资成本或年度运行成本；$CC_{i,j,k}$ 为 i 地区 j 行业采用第 k 种技术措施改造单位投资成本或运行成本；$N_{i,j}$ 为 i 地区 j 行业改造燃煤小锅炉总蒸吨数，单位为蒸吨/小时；$\mu_{i,j,k}$ 为 i 地区 j 行业采用第 k 种技术措施的改造率（第 k 种技术改造的锅炉数量占总改造数量的比例）。

（3）工业园区集中供热

本书中工业园区集中供热改造工程主要考虑在建工业园区热电联产项目。结合文献查阅及实地调研对热电联产项目投资需求进行核算，所用公式如下：

$$CC_i = \sum_{j,k} CC_j \times Cap_i \tag{3-3}$$

式中，CC_i 为 i 地区工业园区集中供热改造的一次性投资成本；CC_j 为 j 地区单位机组容量热电联产项目的一次性投资成本；Cap_i 为 i 地区热电联产项目机组总容量。

3.1.2　移动源污染防治投融资需求测算方法

（1）新能源汽车

根据《节能与新能源汽车产业发展规划 2012-2020 年》相关规定，新能源汽车产业发展投融资核算主要考虑插电式混合动力汽车以及纯电动汽车两种。新能源汽车产业发展不仅针对新能源汽车，还需建设配套设施，如充电站、加气站等，因此本书中新能源汽车产业发展的投资需求测算分为新能源汽车空车投资需求及配套设施投资需求，分别包括一次性投资、运行成本及政府补贴，其中只有新能源汽车配套设施没有政府补贴。具体计算公式如下：

$$C_i = \sum_j BC_{i,j} \times BN_{i,j} + \sum_k IC_{i,k} \times IN_{i,k} \tag{3-4}$$

式中，C_i 为 i 地区新能源汽车投资总额；$BC_{i,j}$ 为 i 地区 j 类型新能源汽车的成本，单位是元/辆；$BN_{i,j}$ 为 i 地区 j 类型新能源汽车每年新增数量；$IC_{i,k}$ 为 i 地区 k 类公交配套基础设施成本，单位是元/个；$IN_{i,k}$ 为 i 地区 k 类公交配套基础设施每年新增数量。

$$AC_i = \sum_j AC_{i,j} \times N_{i,j} + \sum_k AC_{i,k} \times N_{i,k} \qquad (3\text{-}5)$$

式中，AC_i 为 i 地区新能源汽车每年运行成本总额；$AC_{i,j}$ 为 i 地区 j 类型新能源汽车的运行成本，单位是元/（辆·年）；$N_{i,j}$ 为 i 地区 j 类型新能源汽车每年运行数量；$AC_{i,k}$ 为 i 地区 k 类新能源汽车配套设施每年运行成本，单位是元/（套·年）；$N_{i,k}$ 为 i 地区 k 类新能源汽车配套基础设施每年运行数量。

（2）淘汰黄标车

淘汰黄标车的投融资需求主要为政府补贴，各地纷纷出台淘汰黄标车的补贴政策，一般分为两种：一种是按车型补贴，一种是按空车质量补贴。每年淘汰的黄标车数量则通过实地调研得到。

若按车型补贴，黄标车主要分为货运车、客运车、1.35 升及以上排量轿车、1 升（不含）至 1.35 升（不含）排量轿车和 1 升及以下排量轿车、专项作业车这几类，核算公式如下：，

$$C_i = \sum_j YC_{i,j} \times YN_{i,j} \qquad (3\text{-}6)$$

式中，C_i 为 i 地区黄标车淘汰补贴的总额；$YC_{i,j}$ 为 i 地区 j 类黄标车的补贴单价，单位是元/辆；$YN_{i,j}$ 为 i 地区 j 类黄标车淘汰数量。

若按空车质量补贴，则为方便计算，假设每类型空车质量分为 0～5t、5～10t、10～15t、15t 以上 4 类，核算公式如下：

$$C_i = \sum_w YC_{i,w} \times YN_{i,w} \qquad (3\text{-}7)$$

式中，C_i 为 i 地区黄标车淘汰补贴的总额；$YC_{i,w}$ 为 i 地区空车质量为 w 类黄标车的补贴单价，单位是元/吨；$YN_{i,w}$ 为 i 地区空车质量为 w 类黄标车需淘汰的总质量。

（3）油品升级

根据国家要求实施油品升级，2013 年底前，中国供应符合国家第四阶段标准的车用汽油，2014 年底前，中国供应符合国家第四阶段标准的车用柴油，2015 年底前，京津冀、长三角、珠三角等区域内重点城市全面供应符合国家第五阶段标准的车用汽、柴油，2017 年前，中国供应符合国家第五阶段标准的车用汽、柴油。油品升级投资核算公式如下：

$$C_i = OC_i \cdot ON_i \tag{3-8}$$

式中，C_i 为 i 地区油品升级投资的总额；OC_i 为 i 地区油品升级增加的单位成本，单位是元/吨；ON_i 为 i 地区油品总产量。

《关于油品质量升级价格政策有关意见的通知》等政策数据显示，车用汽、柴油（标准品，下同）质量标准升级至第四阶段的加价标准分别为每吨 290 元和370 元；从第四阶段升级至第五阶段的加价标准分别为每吨 170 元和 160 元。其中，石油企业承担了三成左右的成本提升，因此推测车用汽、柴油（标准品，下同）质量标准升级至第四阶段的增加成本分别为每吨 414.29 元和 528.57 元；从第四阶段升级至第五阶段的增加成本分别为每吨 242.86 元和 228.57 元。

3.1.3　工业企业污染治理投融资需求测算方法

（1）火电

火电厂进行的污染治理主要包括脱硫、脱硝、除尘改造。在进行工业污染治理投融资需求核算时，各种改造都要考虑，每种改造分别包括一次性投资费用与运行维护成本，为方便计算，可将其化为各种折算系数，（如单位发电量脱硫运行成本、单位 SO_2 削减量脱硫运行成本等），折算系数类型依据当地可获得统计数据进行选择。投资核算公式如下：

$$CC_{Ds,i} = \sum_k CC_{Ds,i,k} \times \left(IC_i \times \mu_{i,k} - IC_{R,i,k} \right) \tag{3-9}$$

$$OC_{Ds,i} = \sum_k OC_{Ds,i,k} \times GC_{T,i} \times \mu_{i,k} \tag{3-10}$$

式中，$CC_{Ds,i}$ 为 i 地区火电行业脱硫治理一次性投资总额；$CC_{Ds,i,k}$ 为 i 地区 k 种脱硫方式的单位装机量脱硫改造投资成本；IC_i 为 i 地区总装机量；$\mu_{i,k}$ 为 i 地区 k 种脱硫方式的脱硫设备投运率；$IC_{R,i,k}$ 为 i 地区 k 种脱硫方式已投运脱硫设施的火力发电装机量；$OC_{Ds,i}$ 为 i 地区火电行业脱硫治理运行成本总额；$OC_{Ds,i,k}$ 为 i 地区 k 种脱硫方式的单位发电量脱硫年度运行成本；$GC_{T,i}$ 为 i 地区总发电量。

$$CC_{Dn,i} = \sum_k C_{Dn,i,k} \times \left(IC_i \times \mu_{i,k} - IC_{R,i,k} \right) \tag{3-11}$$

$$OC_{Dn,i} = \sum_k AC_{Dn,i,k} \times GC_{T,i} \times \mu_{i,k} \tag{3-12}$$

式中，$CC_{Dn,i}$ 为 i 地区火电行业脱硝一次性投资总额；$OC_{Dn,i,k}$ 为 i 地区 k 种脱硝方式的单位装机量脱硝改造一次性投资成本；IC_i 为 i 地区总装机量；$\mu_{i,k}$ 为 i 地区 k 种脱硝方式的脱硝设备投运率；$IC_{R,i,k}$ 为 i 地区 k 种脱硝方式已投运脱硝设施的燃煤电厂装机量；$OC_{Dn,i}$ 为 i 地区火电行业脱硝运行成本总额；$AC_{Dn,i,k}$ 为 i 地

区 k 种脱硝方式的单位发电量脱硝年度成本。

$$OC_{DD,i} = \sum_k \left(CC_{DD,i,k} \times IC_i \times \mu_{i,k} \right) \qquad (3\text{-}13)$$

$$OC_{DD,i} = \sum_k \left(OC_{DD,i,k} \times GC_{T,i} \times \mu_{i,k} \right) \qquad (3\text{-}14)$$

式中，$CC_{DD,i}$ 为 i 地区火电行业除尘治理投资总额；$CC_{DD,i,k}$ 为 i 地区采用 k 种除尘方式单位装机量除尘改造成本；IC_i 为 i 地区总装机量；$\mu_{i,k}$ 为 i 地区 k 种除尘方式的除尘设备投运率；$OC_{DD,i}$ 为 i 地区火电行业除尘运行成本总额；$OC_{DD,i,k}$ 为 i 地区 k 种除尘技术除尘改造单位发电量运行成本。

（2）钢铁

钢铁厂进行的污染治理主要包括烧结机与球团脱硫除尘改造。在进行工业污染治理投融资需求核算时，每种改造投资分别包括一次性投资费用与运行维护成本。投资核算公式如下：

$$CC_{Ds,i} = \sum_k \left[CC_{Ds,i,k} \times \left(S_i \times \mu_{i,k} - S_{R,i,k} \right) \right] \qquad (3\text{-}15)$$

$$OC_{Ds,i} = \sum_k \left(OC_{Ds,i,k} \times S_i \times \mu_{i,k} \right) \qquad (3\text{-}16)$$

式中，$CC_{Ds,i}$ 为 i 地区钢铁行业烧结机脱硫一次性投资总额；$CC_{Ds,i,k}$ 为 i 地区 k 种脱硫技术的单位面积烧结机脱硫设备一次性投资成本；S_i 为 i 地区烧结机总面积；$\mu_{i,k}$ 为 i 地区 k 种脱硫技术的烧结机脱硫改造设备投运率；$S_{R,i,k}$ 为 i 地区 k 种脱硫技术的已投运脱硫设备烧结机面积；$OC_{Ds,i}$ 为 i 地区钢铁行业烧结机脱硫运行成本总额；$OC_{Ds,i,k}$ 为 i 地区 k 种脱硫技术的单位面积烧结机脱硫年度成本。

$$CC_{Dp,i} = \sum_k \left[CC_{Dp,i,k} \times (GC_{T,i} \times \mu_{i,k} - GC_{R,i,k}) \right] \qquad (3\text{-}17)$$

$$OC_{Dp,i} = \sum_k \left(OC_{Dp,i,k} \times GC_{T,i} \times \mu_{i,k} \right) \qquad (3\text{-}18)$$

式中，$CC_{Dp,i}$ 为 i 地区钢铁行业球团脱硫一次性投资总额；$CC_{Ds,i,k}$ 为 i 地区 k 种脱硫技术的单位产能脱硫改造成本；$GC_{T,i}$ 为 i 地区钢铁行业总产能；$\mu_{i,k}$ 为 i 地区 k 种脱硫技术的球团脱硫改造设备投运率；$GC_{R,i,k}$ 为 i 地区 k 种脱硫技术的已投运脱硫设施球团产能；$OC_{Dp,i}$ 为 i 地区钢铁行业球团脱硫运行成本总额；$OC_{Dp,i,k}$ 为 i 地区 k 种脱硫技术的单位产能球团脱硫年度成本。

（3）水泥

水泥厂进行的污染治理设施改造主要包括降氮脱硝和除尘设备改造。在进行工业污染治理投资需求核算时，每种改造分别包括一次性投资费用与运行维护成本。低氮改造运行成本几乎为零，可忽略不计。为方便计算，可将其化为各种折算系数（如每吨水泥生产量脱硫运行成本、单位 NO_x 削减量脱硫运行成本等），折算系数类型依据当地可获得统计数据进行选择。投资核算公式如下：

$$CC_{Dn,i} = \sum_j \left[CC_{LN,i,j} \times \left(GC_i \times \mu_{LN,i,j} - GC_{LN,R,i,j} \right) \right]$$
$$+ \sum_k \left[CC_{Dn,i,k} \times \left(GC_i \times \mu_{Dn,i,k} - GC_{Dn,R,i,k} \right) \right] \quad (3-19)$$

$$OC_{Dn,i} = \sum_j \left(AC_{Dn,i,k} \times GC_i \times \mu_{Dn,i,k} \right) \quad (3-20)$$

式中，$CC_{Dn,i}$ 为 i 地区水泥行业低氮脱硫改造一次性投资总额；$CC_{LN,i,j}$ 为 i 地区 j 种降氮方式单位产能投资额；GC_i 为 i 地区水泥行业总产能；$\mu_{LN,i,j}$ 为 i 地区 j 种降氮方式的降氮设施投运率；$GC_{LN,R,i,j}$ 为 i 地区 j 种降氮方式的已投运降氮设施的产能；$CC_{Dn,i,k}$ 为 i 地区 k 种脱硝方式单位产能投资额；$\mu_{Dn,i,k}$ 为 i 地区 k 种脱硝方式脱硝设施投运率；$GC_{Dn,R,i,k}$ 为 i 地区 k 种脱销方式已投运脱硝设施产能；$OC_{Dn,i}$ 为 i 地区水泥行业脱硫运行成本总额；$AC_{Dn,i,k}$ 为 i 地区 k 种脱硝方式单位产量脱硝成本。

$$CC_{DD,i} = \sum_k \left[CC_{DD,i,k} \times \left(O_i \times \mu_{i,k} - O_{DD,R,i,k} \right) \right] \quad (3-21)$$

$$OC_{DD,i} = \sum_k \left(OC_{DD,i,k} \times O_i \times \mu_{i,k} \right) \quad (3-22)$$

式中，$CC_{DD,i}$ 为 i 地区水泥行业除尘治理一次性投资总额；$CC_{DD,i,k}$ 为 i 地区采用 k 种除尘方式单位产能除尘改造成本；O_i 为 i 地区水泥行业总产能；$O_{DD,R,i,k}$ 为 i 地区已投运 k 种除尘设备的产能；$\mu_{i,k}$ 为 i 地区 k 种除尘方式的除尘设备投运率；$OC_{DD,i}$ 为 i 地区水泥行业除尘运行成本总额；$OC_{DD,i,k}$ 为 i 地区 k 种除尘技术除尘改造单位产能运行成本。

（4）石油化工

石油化工行业的污染治理设备改造内容主要包括催化裂化装置脱硫改造和油气回收两部分，油气回收则又分为储油罐回收，油罐车回收和加油站回收。为方便计算，可将其化为各种折算系数（如每吨油气回收量运行成本、单位 SO_2 削减量脱硫运行成本等），折算系数类型依据当地可获得统计数据进行选择。投资测算公式如下：

$$CC_{Ds,i} = \sum_k \left[CC_{Ds,i,k} \times \left(GC_i \times \mu_{i,k} - GC_{R,i,k} \right) \right] \quad (3-23)$$

$$OC_{Ds,i} = \sum_k \left(OC_{Ds,i,k} \times GC_i \times \mu_{i,k} \right) \quad (3-24)$$

式中，$CC_{Ds,i}$ 为 i 地区石化行业脱硫改造一次性投资总额；$CC_{Ds,i,k}$ 为 i 地区采用 k 种脱硫方式单位产能脱硫改造成本；GC_i 为 i 地区石油化工行业总产能；$\mu_{i,k}$ 为 i 地区采用 k 种脱硫方式的脱硫设备投运率；$GC_{R,i,k}$ 为 i 地区已投运 k 种脱硫方式的产能；$OC_{Ds,i}$ 为 i 地区石化行业运行成本总额；$OC_{Ds,i,k}$ 为 i 地区 k 种脱硫方式单位产量脱硫运行成本。

$$CC_{OVR,i} = \sum_j CC_{OVR,i,j} N_{i,j} \qquad (3-25)$$

$$OC_{OVR,i} = \sum_j OC_{OVR,i,j} R_{i,j} \qquad (3-26)$$

式中，$CC_{OVR,i}$ 为 i 地区油气回收一次性投资总额；$CC_{OVR,i,j}$ 为 i 地区 j 类型油气回收项目（分为加油站、储油库和油罐车等回收项目）单位投资额；$N_{i,j}$ 为 i 地区 j 类型油气回收项目改造数量；$OC_{OVR,i}$ 为 i 地区油气回收运行维护成本总额；$OC_{OVR,i,j}$ 为 i 地区 j 类型油气回收项目单位回收量运行成本；$R_{i,j}$ 为 i 地区 j 类型油气回收项目回收量。

3.1.4　面源污染治理

面源污染治理主要是综合整治城市扬尘。措施包括：①加强施工扬尘监管，推进绿色施工，建设工程施工现场全封闭设置围挡墙，严禁敞开式作业，施工现场道路进行地面硬化。②渣土运输车辆采取密闭措施，并逐步安装卫星定位系统。③推行道路机械化清扫等低尘作业方式。④大型煤堆、料堆要实现封闭储存或建设防风抑尘设施。⑤城市及周边绿化和防风防沙林建设，扩大城市建成区绿地规模。本书中将其分为工地扬尘治理和道路扬尘治理投融资需求的核算。公式如下：

$$C_{dc,i} = \sum_j CC_{dc,i,j} S_{i,j} \qquad (3-27)$$

式中，$C_{dc,i}$ 为 i 地区面源污染治理投资总额；$CC_{dc,i,j}$ 为 i 地区 j 类型面源污染治理项目（分为工地扬尘治理和道路扬尘治理）单位面积年均投资费用；$S_{i,j}$ 为 i 地区 j 类型面源污染治理面积。

3.2　健康效应评估方法

3.2.1　暴露-反应关系

《大气污染防治行动计划》中提出，到 2017 年，实现中国地级以上城市可吸入颗粒物（PM_{10}）浓度比 2012 年下降超过 10%，优良天数逐年提高；京津冀、长三角、珠三角等区域细颗粒物（PM$_{2.5}$）浓度分别下降 25%、20%和 15%。本书假设到 2017 年各地能严格达到目标，在此条件下，综合采用国内 PM$_{10}$、PM$_{2.5}$与人群健康效益关系的相关研究，确定各地区 PM$_{10}$、PM$_{2.5}$暴露-反应关系来评估人群健康效益。本书中，由于大部分地区没有 PM$_{2.5}$ 的实地监测数据，因此，只有三大地区的健康效应评估使用 PM$_{2.5}$暴露-反应关系系数，中国的健康效应评估则使用 PM$_{10}$暴露-反应关系系数。评估指标及数据如表 3-1 所示。

表 3-1　大气颗粒物浓度每增加 10 微克/立方米人群健康效应增加的百分数（%）

分类	健康效应终点	目标人群	暴露-反应关系系数	
			PM$_{2.5}$	PM10
死亡率	急性死亡率[a]	全体人群	0.4	0.38
	慢性死亡率[c]	全体人群	2.96	1.54
	呼吸系统疾病死亡率[a]	全体人群	1.43	0.65
	心血管疾病死亡率[a]	全体人群	0.53	0.4
住院率	呼吸系统疾病[b]	全体人群	1.09	1.24
	心血管疾病[b]	全体人群	0.68	0.66
门诊	儿科（0~14 岁）[b]	全体人群	0.56	0.39
	内科（15 岁以上）[b]	全体人群	0.49	0.34
患病率	急性支气管炎[b]	全体人群	7.9	5.5
	哮喘[a]	全体人群	2.1	1.9

注：1. a:(谢鹏，等. 2009), b:(刘晓云，等. 2010), c:(黄德生和张世秋. 2013)
2. 三大重点区域使用 PM$_{2.5}$暴露-反应关系系数，中国使用 PM$_{10}$暴露-反应关系系数

　　相对于人群来说，疾病发生是小概率事件，符合统计学上的泊松分布，因此目前大气污染的流行病学研究多基于泊松回归模型（Kan and Chen, 2004; Zhang, et al., 2008）。统计学上，泊松回归模型是用来在计数资料和列联表间建模的一种回归分析。泊松回归假设反应变量 Y 是泊松分布，并假设它期望值的对数可被未知参数的线性组合建模。泊松回归模型有时（特别是当用作列联表模型时）又被称作对数—线性模型。大气污染与健康结局的一般暴露—反应关系模型见图 3-1，但由于大气颗粒物污染与人群疾病健康终点的联系为弱相关，在浓度范围比较小的情况下，为简化计算本书参考洪传洁等的方法，采用模型的简化形式，如下：

$$E = \left[1 + \beta \times \left(C - C_0\right)\right] \times E_0 \qquad (3-27)$$

$$\Delta E = E - E_0 \qquad (3-28)$$

式中，β 为暴露-反应关系系数；C 为污染物的实际浓度；C_0 为污染物的参考浓

度；E 为污染物实际浓度下的人群健康效应；E_0 为污染物参考浓度下的人群健康效应；ΔE 为实际浓度与参考浓度下的人群健康效应之差。

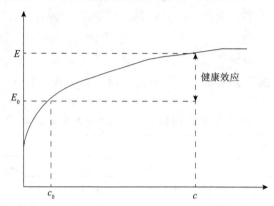

图 3-1　大气污染与人体健康效应的暴露-反应关系模型（於方，等，2007）

3.2.2　损失寿命

损失寿命（years of life lost, YLL）是指人们由于伤害未能活到平均期望寿命而过早死亡，失去为社会服务和生活的时间，为死亡时实际年龄与期望寿命之差，以某原因致使未到预期寿命而死亡所损失的寿命年数来表示。这为过多死亡效益提供一个补充的评价指标，因为它还考虑到死亡时年龄这一因素。因此本书借鉴 Guo 等（2013）完成的北京市 2004～2008 年损失寿命与空气污染之间的回归研究，对珠三角大气行动方案执行对当地人口寿命损失的影响进行定量评估。所使用的数据是《计划》实施前后各地年均 $PM_{2.5}$ 浓度差异，寿命损失所采用参数见表 3-2。

表 3-2　单污染物模型下，空气污染物的四分位数间距[1]增加量（94 微克/立方米）与损失寿命、非意外死亡人数增加量之间的相关性（北京，2004～2008 年）按性别和年龄划分

污染物	性别		年龄	
	女性	男性	≤65 岁	>65 岁
YLL/年数				
$PM_{2.5}$	11.1	4.7	12.0	3.8
PM_{10}	9.3	6.5	10.3	5.5
SO_2	5.6	10.6	10.8	5.4
NO_2	6.7	8.4	10.1	5.0

污染物	性别		年龄	
	女性	男性	≤65 岁	>65 岁
	增加的死亡率/%			
PM_{2.5}	2.2	0.8	0.7	2.5
PM₁₀	2.5	1.2	1.3	2.5
SO₂	1.9	1.7	1.3	2.8
NO₂	1.9	1.4	1.2	2.4

注：1. 四分位间距是由 P25、P50、P75 将一组变量值等分为四部分，P25 称下四分位数，P75 称上四分位数，将 P75 与 P25 之差定义为四分位数间距。是上四分位数与下四分位数之差，用四分位数间距可反映变异程度的大小(Guo, et al., 2013)

　　空气污染影响下，女性寿命损失量通常比男性要大；相比老年人，对年龄不足 65 岁的人群的影响更大。而在死亡率方面，女性、老年人所受的影响更大。许多研究表明女性肺和气管的直径都较小，可能会增加气道反应性，并加剧颗粒沉积。在中国，女性和男性的社会经济地位和压力不同，女性也往往要花费更多时间在户外活动，因为一些女性并没有全职工作。

3.3　《大气污染防治行动计划》投入的社会经济核算影响方法

　　《大气污染防治行动计划》实施所需投资和社会经济影响分析的依据是以2007 年投入产出表为基础建立的包含产业内部关联波及效应和居民消费诱发效应的投入产出宏观闭模型。在此基础上测算《中国大气污染防治行动计划》完全实施所需投资对 GDP 增长的拉动作用，同时根据劳动报酬占 GDP 比重系数、行业平均劳动报酬向量等系数，进一步测算行动方案对国民经济不同行业就业和重点行业绿色发展的带动作用。本书所采用模型是在中国使用较为广泛的环保投入贡献度测算模型。该模型不仅考虑了环保投资导致的最终产出增加在生产领域内对国民经济各部门直接贡献作用和间接贡献作用，而且考虑了消费领域中由环保投资引起的居民消费（收入）增加对生产领域国民经济各生产部门再次的促进作用和诱发贡献作用。同时，在测算诱发贡献效应时扣除居民消费的经济漏损。以下对该模型核心推导公式进行简要介绍。

　　环保投入贡献度测量模型以投入产出表为基础，以 $a_{ij} = a_{ij} / x_j$ 表示投入产出表中的生产部门的直接消耗系数，则根据投入产出表行向量可以得到：

$$\sum_{j=1}^{43} a_{ij} \cdot x_j + \sum_{j=1}^{3} y_{ij} = x_i (i = 1, 2, \cdots, 46) \qquad (3\text{-}29)$$

可进一步写成矩阵式：

$$AX + Y = X \text{ 以及 } X = (I - A)^{-1}Y \tag{3-30}$$

进一步，我们可以得到

$$\Delta X = (I - A)\Delta Y \tag{3-31}$$

式中，ΔX 为环保投资引起总产出增加量；A 为加入环境污染治理部门的直接消耗矩阵；ΔY 为环境保护投资增量。式（3-31）表示环境保护投资 ΔY 的增量变化所引起的国民经济总产出 ΔX 的增量变化情况。上述模型表明环境保护投资对国民经济总产出的拉动作用。在理想的假设环境下，增加环境保护相关投资将引起的国民经济总量增长，从而可以定量测算环境保护投资对国民经济发展（总产值增加）的贡献。

在式（3-31）基础上，可以获得环保投资与各部门的劳动报酬关系：

$$V = C(1-t)\hat{V}X \tag{3-32}$$

式中，$\hat{V}$ 表示劳动报酬系数的对角矩阵；C 表示边际消费倾向；t 表示边际税收倾向。那么 V 则表示剔除了储蓄和税收漏损后各行业部门可用于消费的劳动报酬向量。该行向量中的每个元素各自表示闲置生产能力的条件下，假定劳动者报酬系数不变，环境投资增加经过生产部门内部的反馈，可能引起的该行业部门用于最终消费的居民收入增量。然后，引入最终产品国内满足率和居民直接消费系数，则得到式（3-33）：

$$Y_c = C(1-t)\hat{h}Fi'\hat{V}X \tag{3-33}$$

式中，$\hat{h}$ 表示最终产品国内满足率对角矩阵，用于扣除进口漏损；$i' = (1,1,\cdots,1)$ 表示单位行向量；F 表示居民直接消费系数列向量；Y_c 表示环境投资引起的居民最终消费增量列向量，即居民收入增加后用于各部门的最终消费增量。

消费、投资和出口是拉动经济增长的三驾马车。居民消费的增加同样会对国民经济增长具有带动作用，其同样适用于式（3-33）。因此可以进一步获得最终消费的增加对经济（总产出）的影响作用：

$$X' = (I-A)^{-1} = C(1-t)(I-A)^{-1}\hat{h}Fi'\hat{V}X \tag{3-34}$$

式中，X' 表示环保投资引起的第 1 轮国民总产出增加引起的居民收入增量转变为消费增量后，对国内生产体系形成反馈，所带动的总产出的新增长，即居民消费部门诱发作用下的第 2 轮总产出增加。第 2 轮总产出增加同样会带来第 2 轮劳动报酬的增加，通过居民消费部门的诱发作用引起总产出的第 3 轮增长，从而带动居民收入新 1 轮增加，生产（供给）与消费（需求）就这样互为条件，互相促进，这种生产—消费—生产的循环将继续进行下去，直至经济系统重新达到平衡。可以继续用公式进行推导：

$$\overline{X} = X + X' + X'' + \cdots + X^n \tag{3-35}$$

式中，$\overline{X}$ 代表环保投资对总产出的总的贡献效应，X、X'、X''、X^n 分别代表在消费诱发作用下环保投资对总产出的第 1、2、3 和 n 轮贡献效应。进一步可以得到：

$$\overline{X} = (I - A)^{-1}(Y + Y_C + Y_C' + Y_C'' + \cdots + Y_C^n) \tag{3-36}$$

$$\overline{X} = (I - A)^{-1}\left[Y + C(1-t)\hat{h}Fi'\hat{V}((I-A)^{-1})Y \right.$$
$$\left. + C(1-t)\hat{h}F\stackrel{e'}{i'}\hat{V}((I-A)^{-1}C(1-t)\hat{h}Fi'\hat{V}(I-A)^{-1}Y + \cdots \right] \tag{3-37}$$

设定 $\overline{A} = (I-A)^{-1}$；$\overline{B} = C(1-t)\hat{h}Fi'\hat{V}$；$\overline{K} = \overline{B}\,\overline{A}$，则有

$$\overline{X} = \overline{A}(I + \overline{K} + \overline{K}^2 + \cdots + \overline{K}^n)Y \tag{3-38}$$

即

$$(I + \overline{K} + \overline{K}^2 + \cdots + \overline{K}^n) = (I - \overline{K})(I + \overline{K} + \overline{K}^2 + \cdots + \overline{K}^n)(I - \overline{K})^{-1}$$
$$= (I - \overline{K})^{-1}(I - \overline{K}^{n+1}) \tag{3-39}$$

由于 $\overline{K}$ 中的元素均大于 0 小于 1，则随着 n 趋向于无限大，$\overline{K}^{n+1}$ 将趋向于 0，那么将得到 $(I + \overline{K} + \overline{K}^2 + \cdots + \overline{K}^n) = (I - \overline{K})^{-1}$，那么由式（3-38）可以进一步推导出：

$$\overline{X} = \overline{A}((I - \overline{K})^{-1})Y \tag{3-40}$$

将 $\overline{A}$ 和 $\overline{K}$ 带入上式可得

$$\overline{X} = (I - A)^{-1}(I - C(1-t)\hat{h}Fi'\hat{V}(I-A)^{-1})^{-1}Y \tag{3-41}$$

式（3-41）中就是考虑居民消费的诱发贡献效应以及扣除经济漏损情况下环保投资 Y 与国民经济总产出 X 之间的相互作用关系的总产出贡献度扩展模型。这样可以测算出由于环保投资的增加（ΔY）而引起的国民经济总产出的增加（ΔX）量，也就是考虑消费诱发的环保投资对国民经济发展的贡献度。

进一步可以通过增加值系数、劳动者报酬系数与总产出计算求得增加值和就业贡献度为

$$\overline{N} = \hat{N} X = \hat{N} \overline{A} (I - \overline{B}\overline{A})^{-1} Y \tag{3-42}$$

$$\overline{L} = \hat{L} \overline{X} = \hat{L} \overline{A} (I - \overline{B}\overline{A})^{-1} Y \tag{3-43}$$

式中，$\overline{A} = (I - \overset{e}{A})^{-1}$；$\overline{B} = (I - C(1-t)\hat{h} Fi'\hat{V}$。式（3-42）、式（3-43）分别是考虑了居民消费的诱发贡献效应以及扣除经济漏损情况下环保投资 Y 与增加值 $\overline{N}$、就业 L 之间的相互作用关系的模型。这样可以测算出由于环保投资的增加（ΔY）而引起的 GDP 增加值（$\Delta \overline{N}$）、就业（ΔL）增加量，即考虑消费诱发下环保投资对 GDP 增加值、就业的贡献度。

第4章　京津冀大气污染防治行动计划投资需求与影响

4.1　京津冀大气污染防治行动计划目标及任务分解

4.1.1　主要目标

经过 5 年努力，京津冀及周边地区空气质量明显好转，重污染天气较大幅度减少。力争再用 5 年或更长时间，逐步消除重污染天气，空气质量全面改善。

具体指标：到 2017 年，北京市、天津市、河北省细颗粒物（$PM_{2.5}$）浓度在 2012 年基础上下降超过 25%，其中，北京市细颗粒物年均浓度控制在 60 微克/立方米左右。

4.1.2　任务分解

根据京津冀各省市的行动方案，各政策方案的具体实施路线如表 4-1 所示。

4.2　投融资需求分析

根据京津冀大气污染防治行动计划相关规定，此投资需求主要从能源结构的调整与改善、移动源污染防治、工业企业污染治理三大主要部分来核算。

4.2.1　能源结构调整投融资需求核算

京津冀地区淘汰燃煤锅炉共计需要资金 36.55 亿元，其中北京需要资金 2.3 亿元，天津需要资金 4.31 亿元，河北需要资金 29.94 亿元（表 4-2）。

表 4-2　京津冀地区淘汰燃煤锅炉资金需求核算

地区	锅炉补贴/（元／蒸吨）	淘汰蒸吨量/（吨/时）	总计/万元
河北		38 979	299 359
天津		5610	43 089
北京	76 800	3000	23 040
合计		47 589	365 484

表 4-1 京津冀大气污染行动计划实施方案实施路线

项目	类别	措施			相关政策文件
		第一阶段（2013~2014年）	第二阶段（2015年）	第三阶段（2016~2017年）	
优化能源结构	燃煤锅炉 淘汰燃煤小锅炉		全部淘汰每小时10蒸吨及以下燃煤锅炉、茶浴炉，北京市建成区取消所有燃煤锅炉，改由清洁能源替代	基本淘汰每小时35蒸吨及以下燃煤锅炉	京津冀及周边落实大气污染防治行动计划实施细则
	清洁能源替换	逐步取消自备燃煤锅炉，改用天然气等清洁能源			
	煤炭 控制煤炭消费总量	到2017年，北京市、天津市和河北省基本建立以县区为单位的全密闭配煤中心，洁净煤使用率超过90%		覆盖所有乡镇村的洁净煤供应网络。	京津冀及周边落实大气污染防治行动计划实施细则
	天然气 其他清洁能源 发展清洁能源	到2017年，京津冀电网风电等可再生能源电力占总电力消费的比重提高到15%。能源消费比重下降到10%以下，电力、天然气等优质能源占比提高到90%以上		山东电网提高到10%。北京市煤炭占	
	重点行业污染治理 加快重点行业污染治理	2015年，京津冀及周边地区新建和改造钢铁烧结机烟气脱硫1.6万平米；新建和改造燃煤电厂脱硝装机容量1.1亿千瓦；新建和改造水泥熟料产能1.1亿吨；改造的装机规模或产能规模分别不得低于2574万千瓦、3325万吨、6358万吨	新建和改造燃煤机组脱硫装机容量5970万千瓦，新	到2017年，钢铁、水泥、化工、石化、有色等行业完成清洁生产审核，推进企业清洁生产技术改造。	京津冀及周边落实大气污染防治行动计划实施细则
	城市交通 加强城市交通管理	2017年，北京、天津公共交通占机动化出行比例超过60%			
机动车污染防治	控制城市机动车保有量 严格限制机动车保有量	北京市要严格限制机动车保有量，天津、石家庄、太原、济南等城市要严格采取限制机动车保有量增长速度，通过采取鼓励绿色出行、增加使用成本等措施，降低机动车使用强度。			京津冀及周边落实大气污染防治行动计划实施细则
	黄标车 淘汰"黄标车"		2015年，北京市黄标车全部淘汰，天津市基本淘汰，河北省、山西省、内蒙古自治区和山东省淘汰2005年底前注册营运的黄标车	到2017年，京津冀及周边地区黄标车全部淘汰	京津冀及周边落实大气污染防治行动计划实施细则

续表

项目	类别	措施			相关政策文件
		第一阶段（2013~2014年）	第二阶段（2015年）	第三阶段（2016~2017年）	
油品质量	加快油品质量升级	天津市、河北省、山西省、内蒙古自治区和山东省2013年前供应符合国家第4阶段标准的车用汽油，2014年前供应符合国家第4阶段标准的车用柴油。	北京、天津、河北重点城市2015年前供应符合国家第5阶段标准的车用汽、柴油。	山西省、内蒙古自治区、山东省2017年前供应符合国家第5阶段标准的车用汽、柴油。	
机动车环保管理	加强机动车环保管理		2015年，北京市、天津市、河北省全面实施国家第5阶段机动车排放标准	山西省、内蒙古自治区和山东省于国家第5阶段标准于2017年前实施。	
新能源汽车	大力推广新能源汽车	公交、环卫等行业和政府机关率先推广使用新能源汽车。北京、天津、石家庄、太原、济南等城市每年新增或更新的公交车中新能源和清洁燃料车的比例达到60%左右			
淘汰落后产能		到2017年，北京调整退出高污染企业1200家。到2017年，天津行政辖区内钢铁产能、燃煤机组（热）产能、水泥（熟料）产能、燃煤机组装机容量分别控制在2000万吨、500万吨、1400万千瓦以内。到2017年，河北省产能压缩淘汰6000万吨以上。启动淘汰20万千瓦以下的国务院批复的《河北省钢铁产业结构调整方案》确定的目标产能。"十二五"期间淘汰平板玻璃产能3600万质量箱。到2017年，内蒙古自治区淘汰水泥落后产能459万吨。到2017年，钢铁产能压缩1000万吨以上，钢铁产能压缩1000万吨以上		全部淘汰10万千瓦以下非热电联产燃煤机组。落后产能压缩淘汰6000万吨以上。全部淘汰水泥（熟料及磨机）落后产能6100万吨以内：全部淘汰水泥落后产能670万吨，淘汰压缩焦炭产能1800万吨，淘汰压缩煤炭产能2111万吨，炼钢产能2257万吨，焦炭产能压缩控制在4000万吨以内	京津冀及周边落实大气污染防治行动计划实施细则
面源污染治理	城市扬尘烟尘	2015年，渣土运输车辆全部采取密闭措施，逐步安装卫星定位系统。各种煤堆、料堆实现封闭储存或建设防风抑尘设施。山西省、内蒙古自治区要强化生态保护和建设，积极治理水土流失，还草，压畜减载恢复植被，加强沙化土地治理。进一步加强京津冀风沙源治理和"三北"防护林建设		继续实施退耕还林、还草，压畜减载恢复植被	京津冀及周边落实大气污染防治行动计划实施细则

4.2.2　移动源污染防治投融资需求核算

（1）新能源汽车

京津冀地区新能源汽车方面共需投入资金 200.34 亿元，其中，新能源公交车需要投入 125.18 亿元，新能源乘用车共需投入资金 49.3 亿元，充电站、充电桩共需投入资金 11.2 亿元（表 4-3～表 4-4）。

表 4-3　京津冀地区新能源汽车资金需求核算

		河北	天津	北京	单位投资/万元	投资金额/亿元	单位补贴/万元	补贴总额/亿元
新能源公交车	纯电动公交车	823	2000	490	162	53.67	40	13.25
	混合动力公交	2598	0	0	112.8	29.31	25	6.5
	双源无轨电车	0	0	2605	162	42.2	40	10.42
	增程式纯电动公交	0	0	1300	112.8	14.66	25	3.25
新能源乘用车		9720	0	0	25	24.3	5	4.86
		10 000			25	25	5	5

表 4-4　充电站与充电桩投资需求核算

	成本/（万元/个）	建设个数/个	共计投资/亿元
充电站	400	100	4
充电桩	2	36000	7.2

（2）淘汰黄标车

京津冀地区淘汰黄标车共需投入资金 146.68 亿元，其中北京市共计需要资金 15.10 亿元，天津市共计需要资金 26.58 亿元，河北省共计需要资金 105 亿元（表 4-5～表 4-7）。

表 4-5　北京市淘汰老旧汽车投融资需求核算

北京市			补贴金额/（元/辆）	淘汰量/辆	合计/万元
转出市外老旧车		6～10 年	—	289703	119 246.65
		10 年以上			
提前报废老旧车	货运车	重型 6～10 年	17 500	64	105.6
		重型 10 年以上	15 500		
		中型 6～10 年	10 500	164	155.8
		中型 10 年以上	8500		

续表

北京市				补贴金额/（元/辆）	淘汰量/辆	合计/万元
提前报废老旧车	货运车	轻型	6～10 年	6500	598	212.29
			10 年以上	600		
		微型	6～10 年	3000	0	0
			10 年以上	——		
	客运车	大型	6～10 年	21 500	410	840.5
			10 年以上	19 500		
		中型	6～10 年	8000	2710	2100.25
			10 年以上	7500		
		小型	6～10 年	8500	32 719	26 993.175
			10 年以上	8000		
		微型	6～10 年	3500	4282	1391.65
			10 年以上	3000		
总计						151 045.915

表 4-6　天津市、河北省黄标车淘汰资金需求核算

地区	类型			补贴金额/（元/辆）	淘汰量/辆	合计/亿元
天津	提前报废黄标车	货运车	重型	18 000	290 000	26.58
			中型	13 000		
			轻型	9000		
			微型	6000		
		客运车	大型	18 000		
			中型	11 000		
			小型（不含轿车）	7000		
			微型（不含轿车）	5000		
		1.35 升及以上排量轿车		18 000		
		1 升（不含）至 1.35 升（不含）排量轿车		10 000		
		1 升及以下排量轿车、专项作业车		6000		
河北	提前报废黄标车			6000～18 000	1 050 000	105

表 4-7　京津冀地区淘汰老旧汽车与黄标车资金需求核算

地区	投资总数/亿元	合计/亿元
北京	15.10	146.68
天津	26.58	
河北	105	

（3）油品升级

《关于油品质量升级价格政策有关意见的通知》等政策及相关新闻数据显示，车用汽、柴油（标准品，下同）质量标准升级至第四阶段的加价标准分别为每吨290元和370元；从第4阶段升级至第5阶段的加价标准分别为每吨170元和160元。其中，石油企业承担了三成左右的成本提升，因此推测车用汽柴油（标准品，下同）质量标准升级至第4阶段的增加成本分别为每吨414.29元和528.57元；从第4阶段升级至第5阶段的增加成本分别为每吨242.86元和228.57元。京津冀地区油品升级共计需要投入422.12亿元（表4-8）。

表 4-8　油品升级投融资需求核算

年份	汽油产量/万吨	升级成本/（元/吨）	升级总成本/亿元	柴油产量/万吨	升级成本/（元/吨）	升级总成本/亿元
2013	805.38	414.29	33.37	1875.25	—	—
2014	850.53	414.29	35.24	2072.54	528.57	109.55
2015	898.24	242.86	21.81	2292.9	228.57	52.41
2016	948.65	242.86	23.04	2539.21	228.57	58.04
2017	1001.92	242.86	24.33	2814.7	228.57	64.34
小计	—	—	137.79	—	—	283.34

4.2.3　工业企业污染治理投融资需求核算

（1）火电行业

火电行业脱硫、脱硝、除尘共计需要投入资金552.67亿元，其中，脱硫共计需要投入资金408.65亿元，脱硝共计需要投入102.3亿元，除尘共计需要投入41.72亿元（表4-9）。

表 4-9　火电企业污染治理投融资需求核算数据表

脱硫	京津冀
脱硫改造机组容量/兆瓦	59 700
单位投资费用/（万元/兆瓦）	68.45
投融资需求/亿元	408.65
脱硝	京津冀
脱硝改造机组容量/兆瓦	110 000
单位投资费用/（万元/兆瓦）	9.3
投融资需求/亿元	102.3
除尘	京津冀
除尘改造机组容量/兆瓦	25 740
单位投资费用/（万元/兆瓦）	16.21
投融资需求/亿元	41.72

（2）钢铁行业

钢铁行业共计需要投入资金 84.69 亿元，其中除尘需要投入资金 22.89 亿元，烧结机脱硫共计需要投入资金 61.8 亿元（表 4-10）。

表 4-10　钢铁企业污染治理投融资需求核算

除尘		烧结机脱硫	
除尘改造钢铁产能/亿吨	3	脱硫改造面积/立方米	16 000
单位投资费用/（元/吨）	7.63	单位投资费用/（万元/平方米）	38.63
投资需求/亿元	22.89	投资需求/亿元	61.8

（3）水泥行业

水泥行业脱硝、除尘共计需要投入资金 1.64 亿元，其中脱硝需要投入资金 1.3 亿元，除尘需要投入资金 0.34 亿元（表 4-11）。

表 4-11　水泥行业脱硝除尘投融资需求核算

脱硝		除尘	
脱硝熟料产能/亿吨	2.1	除尘熟料产能/亿吨	2.4
SNCR 投资/（元/吨）	0.62	袋式除尘改造投资/（万元/吨）	0.14
投资需求/亿元	1.3	投资需求/亿元	0.34

（4）石油化工

石油化工行业脱硫、脱硝、除尘及 VOC 综合治理共计需要投入资金 393.54 亿元，其中脱硫需要投入资金 144.52 亿元，脱硝需要投入资金 213.17 亿元，除尘需要投入资金 5.34 亿元，VOC 综合治理需要投入资金 30.51 亿元（表 4-12）。

表 4-12　石油化工行业投资融需求核算

脱硫		脱硝		除尘		VOC 综合治理	
2013～2017 年生产设施规模/万吨	16 099.3	2013～2017 年生产设施规模/万吨	16 099.3	2013～2017 年生产设施规模/万吨	16099.3	项目个数/个	100
单位投资费用/（元/吨）	89.77	单位投资费用/（元/吨）	132.41	单位投资费用/（元/吨）	3.32	平均项目投资/（万元/个）	3051.11
投资需求/亿元	144.52	投资需求/亿元	213.17	投资需求/亿元	5.34	投资需求/亿元	30.51

石油化工行业油气回收共计需要投入资金 51.06 亿元，其中加油站油气回收需要投入资金 11.85 亿元，储油库油气回收需要投入资金 2.05 亿元，油罐车油气

回收需要投入资金 38.16 亿元（表 4-13）。

表 4-13 油气回收投融资需求核算

油气回收	数量/个	单位投资/（万元/个）	投资总额/亿元
加油站	5925	20	11.85
储油库	117	175	2.05
油罐车	1485	257	38.16

4.3 京津冀大气污染防治行动计划投融资需求测算

本书从一次性投资、政府补贴及运行成本 3 方面分析。一次性投资是包括改造项目的设备购置、工程建筑、安装费用及技术服务费用在内的完成改造所需投入，政府补贴是为了鼓励企业或个人积极完成改造项目政府给予的补贴资金，包含于一次性投资之中。京津冀大气污染防治行动计划直接投资共计需要资金 2490.29 亿元。优化能源结构、移动源污染防治、工业企业污染治理的投资需求分别为 636.55 亿元、769.14 亿元和 1084.6 亿元（表 4-14）。

表 4-14 京津冀大气污染防治行动计划投资需求汇总

类别	项目		投资需求/亿元
优化能源结构	关停燃煤锅炉		36.55
	改造燃煤锅炉		600
	小计		636.55
移动源污染防治	新能源汽车	新能源公交车	139.84
		新能源乘用车	49.3
	充电站		4
	充电桩		7.2
	淘汰黄标车		146.68
	油品升级		422.12
	小计		769.14
工业企业污染治理	火电	脱硫	408.65
		脱硝	102.3
		除尘	41.72
	钢铁	烧结机 脱硫	61.8
		除尘	22.89
	水泥	脱硝	1.3
		除尘	0.34

续表

类别	项目			投资需求/亿元
工业企业污染治理	石油化工	脱硫		144.52
		脱硝		213.17
		除尘		5.34
		VOC 综合治理		30.51
		油气回收	油库	11.85
			加油站	2.05
			油罐车	38.16
	小计			1084.6
合计				2490.29

注：工业企业污染治理投资数据来自北京市、天津市和河北省企业实地调研及二手数据。

4.4　京津冀大气污染防治行动计划实施的健康效应评估

根据流行病学研究方法的暴露-反应关系，对京津冀大气污染防治行动计划实施后的健康效应进行定量化预测，根据流行病学研究方法的暴露-反应关系，对京津冀大气污染防治行动计划实施后的健康效应进行定量化预测（图4-1）。

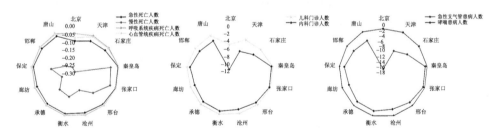

图 4-1　京津冀大气污染防治行动计划的健康效应评估

呼吸系统疾病及心血管系统疾病引起的死亡人数下降明显，到 2017 年，京津冀地区因实施该大气污染防治行动计划而减少的慢性死亡人数为 3.15 万人，约占京津冀常住人口总数的 0.5‰。呼吸系统有关疾病的患病率也因而下降，其中急性支气管炎尤为突出，到 2017 年京津冀地区由于大气污染防治行动计划的实施，减少的急性支气管炎患病人数为 55.80 万人，占该区域常住人口数的 8% 左右（表 4-15）。

表 4-15 京津冀大气污染防治行动计划的健康效应评估

| 地区 | 死亡人口/万人 | | | | 门诊/万人 | | 患病人口/万人 | |
	急性	慢性	呼吸系统疾病	心血管疾病	儿科（0～14 岁）	内科（15 岁以上）	急性支气管炎	哮喘
北京	-0.097	-0.719	-0.048	-0.076	-4.831	-11.356	-16.925	-1.113
天津	-0.072	-0.533	-0.032	-0.040	-2.519	-5.921	-8.825	-0.580
石家庄	-0.052	-0.383	-0.022	-0.027	-1.731	-4.069	-6.064	-0.399
秦皇岛	-0.008	-0.057	-0.003	-0.004	-0.257	-0.605	-0.901	-0.059
张家口	-0.006	-0.047	-0.003	-0.003	-0.211	-0.497	-0.741	-0.049
邢台	-0.016	-0.116	-0.007	-0.008	-0.522	-1.226	-1.828	-0.120
沧州	-0.024	-0.177	-0.010	-0.013	-0.798	-1.875	-2.794	-0.184
衡水	-0.018	-0.132	-0.008	-0.009	-0.597	-1.404	-2.092	-0.138
承德	-0.020	-0.146	-0.008	-0.010	-0.659	-1.548	-2.307	-0.152
廊坊	-0.028	-0.206	-0.012	-0.015	-0.931	-2.189	-3.263	-0.215
保定	-0.019	-0.140	-0.008	-0.010	-0.632	-1.485	-2.213	-0.146
邯郸	-0.031	-0.230	-0.013	-0.016	-1.039	-2.442	-3.639	-0.239
唐山	-0.036	-0.266	-0.015	-0.019	-1.200	-2.821	-4.205	-0.276

　　损失寿命情况的分析结果显示，因方案实施后空气质量有不同程度提升，各地损失寿命均为负值，即死亡年龄有所提高，寿命延长。男性寿命损失缩减量明显低于女性，石家庄、邢台的女性寿命均延长 4 年以上。而相对年轻的人群寿命延长量也高于年龄超过 65 岁的老年人，石家庄、邢台、保定和邯郸的年轻人群寿命可延长 4 年以上。可见，污染防治行动的迅速开展对提升人群健康、延长平均寿命至关重要（表 4-16）。

表 4-16 京津冀大气污染防治行动计划避免损失寿命评估

| 地区 | 损失寿命 YLL/年 | | | |
	男性	女性	≤65 岁	>65 岁
北京	-1.48	-3.48	-3.77	-1.19
天津	-1.2	-2.83	-3.06	-0.97
石家庄	-1.86	-4.38	-4.74	-1.5
秦皇岛	-0.82	-1.92	-2.08	-0.66
张家口	-0.54	-1.27	-1.38	-0.44
邢台	-1.94	-4.58	-4.95	-1.57
沧州	-1.17	-2.76	-2.99	-0.95
衡水	-1.51	-3.56	-3.85	-1.22

续表

地区	损失寿命 YLL/年			
	男性	女性	≤65 岁	>65 岁
承德	-0.64	-1.52	-1.64	-0.52
廊坊	-1.42	-3.36	-3.63	-1.15
保定	-1.6	-3.78	-4.08	-1.29
邯郸	-1.6	-3.77	-4.08	-1.29
唐山	-1.43	-3.37	-3.64	-1.15

4.5　京津冀大气污染防治行动计划投入的社会经济影响

4.5.1　对 GDP 和就业的影响

模拟 2013～2017 年京津冀大气污染防治行动计划项目实施对该地区 GDP 和就业的影响效应。经测算，项目实施将使京津冀地区 GDP 增加 35.66 亿元（5 年合计，下同），增加就业岗位约 4.08 万个。其中环保治理投资拉动 GDP 增长 2869.82 亿元，增加就业岗位约 22.79 万个。淘汰落后产能将在一定程度上对经济增长起到负面作用，造成 GDP 减少 2834.16 亿元，其中直接淘汰钢铁行业落后产能所减少的 GDP 有 523.61 亿元，同时对其上游投入行业：金属矿采选业、石油加工、炼焦及核燃料加工业、金属冶炼及压延加工业、电力热力的生产和供应业、交通运输及仓储业等行业影响较大。淘汰落后产业将减少就业岗位约 18.7 万个（表 4-17）。

表 4-17　京津冀大气污染防治行动计划实施对 GDP 和就业的影响

类别	GDP/亿元	就业岗位/个
投资拉动	2869.82	227 918
淘汰落后产能	-2834.16	-187 110
行动计划合计	35.66	40 808

4.5.2　对重点行业绿色化发展的影响

根据京津冀大气污染防治行动计划的投融资需求测算结果可知，本次行动计划将直接投资在通用与专用设备、交通运输设备制造业、建筑业、综合技术服务业、金属制品业、电力、热电生产和供应业。投资比重分别为 55.67%、13.89%、11.02%、9.48%、8.48%、1.47%。按行业划分京津冀地区大气污染防治计划环保治理投入方面的贡献度测算结果来看，总贡献方面，GDP 指标所受影响最大的行业是通用专用设备制造业、其他服务业和金属冶炼及压延加工业；居民收入和就业指标所受影响最大的行业是其他服务业、通用专用设备制造业和农林牧渔业。交通运输设备制造业、化学工业、金属制品业、批发和零售业、建筑业和交通运输及仓储业等行业在各项指标中同样属于收益较大的行业。

经核算，通用专用设备制造业对 GDP 的贡献为 747.79 亿元；服务业对 GDP 的贡献为 431.11 亿元；金属冶炼及压延加工业对 GDP 的贡献为 299.73 亿元。十大行业对 GDP 的贡献占总贡献的 83.03%。由图 4-2 可以看出，在对 GDP 总贡献排名前十的行业中，通用专用设备制造业、交通运输设备制造业、建筑和金属制品业等行业在各项指标或部分指标中以直接贡献为主；金属冶炼及压延加工业、批发零售业、交通运输及仓储业、电力热力生产和供应业石油加工、炼焦及核燃料加工业等行业在各项指标或部分指标中以间接贡献为主；而与居民生活相关的服务等行业在各项指标或部分指标中以诱发贡献为主。

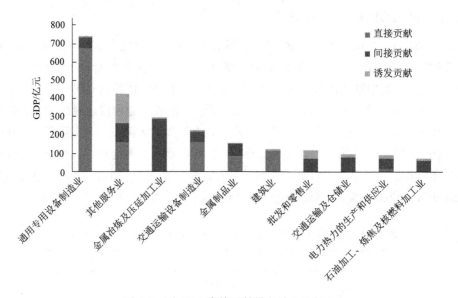

图 4-2　对 GDP 直接贡献排名前十的行业

服务业对居民收入的贡献为 166.78 亿元；通用专用设备制造业对居民收入的贡献为 142.61 亿元；农林牧渔业对居民收入的贡献为 54.30 亿元。十大行业对居民收入的贡献占总贡献的 87.63%。由图 4-3 可以看出，在对居民收入总贡献排名前十的行业中，通用专用设备制造业、建筑业、交通运输设备制造业和金属制品业等行业在各项指标或部分指标中以直接贡献为主；批发零售业、交通运输及仓储业、金属冶炼业及压延加工和煤炭开采洗选业等行业在各项指标或部分指标中以间接贡献为主；而与居民生活相关的其他服务等行业、农林牧渔业在各项指标或部分指标中以诱发贡献为主。

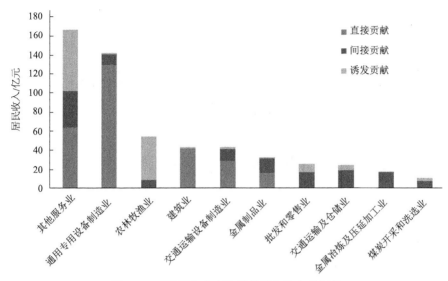

图 4-3　对居民收入直接贡献排名前十的行业

服务业对就业人数的贡献为 58 163 人；通用专用设备制造业对就业人数的贡献为 52 210 人；农林牧渔业对就业人数的贡献为 20 463 人。十大行业对就业人数的贡献占总贡献的 87.92%。由图 4-4 可以看出，在对就业总贡献排名前十的行业中，通用专用设备制造业、建筑业、交通运输设备制造业和金属制品业等行业在各项指标或部分指标中以直接贡献为主；批发零售业、交通运输及仓储业、金属冶炼业及压延加工业和煤炭开采洗选业等行业在各项指标或部分指标中以间接贡献为主；而与居民生活相关的其他服务等行业、农林牧渔业在各项指标或部分指标中以诱发贡献为主。

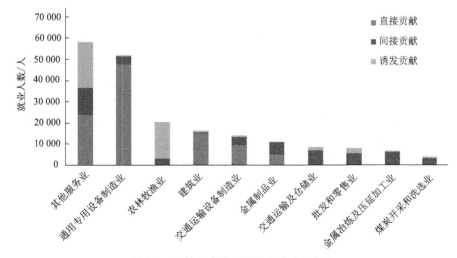

图 4-4　对就业直接贡献排名前十的行业

第5章　长三角大气污染防治行动计划投资需求与影响

5.1　长三角大气污染防治行动计划目标及任务分解

5.1.1　主要目标

根据《大气污染防治行动计划》，长三角地区的奋斗目标是，经过 5 年努力空气质量明显好转。力争再用 5 年或更长时间，逐步消除重污染天气，中国空气质量明显改善。具体指标是到 2017 年，中国地级及以上城市可吸入颗粒物浓度比 2012 年下降超过 10%，优良天数逐年提高；京津冀、长三角和珠三角等区域细颗粒物浓度分别下降 25%、20%和 15%左右。

长三角各省市出台的大气污染防治行动方案也设定各自目标：经过 5 年努力，环境空气质量明显改善，重污染天气大幅减少，空气质量明显改善，细颗粒物（$PM_{2.5}$）年均浓度比 2012 年下降约 20%。

5.1.2　任务分解

根据长三角各省市的行动方案，各政策方案的具体实施路线如表 5-1～表 5-3 所示。

5.2　投融资需求分析

5.2.1　燃煤锅炉淘汰

长三角地区锅炉补贴为 2 万元/蒸吨，2013～2014 年，江苏共计淘汰 19 200 蒸吨，上海共计淘汰 6000 蒸吨，浙江共计淘汰 13 400 蒸吨；2015～2017 年，江苏共计淘汰 36 000 蒸吨，浙江共计淘汰 2400 蒸吨。经核算，燃煤锅炉淘汰江苏共计需要 110 400 万元，上海共计需要 12 000 万元，浙江共计需要 31 600 万元（表 5-4）。

表 5-1　上海市大气污染防治行动方案实施路线

项目	类别	措施	第 1 阶段（2013～2014 年）	第 2 阶段（2015 年）	第 3 阶段（2016～2017 年）	相关政策文件
清洁能源替代	燃煤锅炉	淘汰高污染燃料锅炉	替代 350 台	替代 400 台	替代 241 台，完成集中供热锅炉等燃煤设施的清洁能源改造，取消分散燃煤	上海市清洁空气行动计划（2013～2017 年）
	窑炉	清洁能源替代或调整关停窑炉		300 余台窑炉的清洁能源替代或调整关停		
	城市交通	优化交通结构	轨道交通运营线路长达到 600 千米左右，中心城公共交通出行比重达到 36%以上	中心城公共交通出行比重达到 50%以上，建成 5000 个充电桩	全市公共交通出行比重进一步上升	
	新能源汽车	大力推广新能源汽车	累计推广 2 万辆	完成集装箱运输车辆清洁能源改造 400 辆		
机动车污染防治	在用车辆	加强在用车辆检测和监管，试点开展公交车加装气后处理装置	完成 200 辆试点，并逐步推广到国 III 标准公交车	基本建成简易工况法检测站点体系，营运性车辆全部实施简易工况法检测		
	黄标车	淘汰黄标车、老旧车辆	2014 年 7 月起禁止无绿标车辆在外环线及以内区域行驶	完成剩余 18 万辆黄标车淘汰任务		
	排放标准及油品质量	实施更严格的新车排放标准和油品质量	2013 年，轻型汽油车和公交、环卫、邮政的重型柴油车实施国 V 汽、柴油的供应面国 V 汽、柴油	实施柴油车和重型汽油车新车国 V 标准，低速货车和重型载货车执行与货车相同的节能与排放标准，同步配套相应标准应油品		
	绿色港口	进行绿色港口建设	推广港口液化天然气内集卡 400 辆			
工业企业污染治理	电厂	关闭脱硫除尘工程、完成脱硝工程	完成剩余 8 家发电企业的脱硝工程	全面完成保留燃煤设施的脱硫、脱硝、除尘		上海市清洁空气行动计划（2013～2017 年）
	钢铁、石化	进行脱硝工程	完成宝钢股份、高桥石化、上海石化共 28 台燃煤机组脱硫工程			
绿色经济	循环经济	推进清洁生产和生态建设	单位工业增加值能耗比 2012 年下降 20%以上，力争全部国家级和 30%以上的市级开发区实施循环化改造	绿色经济	循环经济	

续表

项目	类别	措施	第1阶段（2013～2014年）	第2阶段（2015年）	第3阶段（2016～2017年）	相关政策文件
优化产业结构	重点企业	整合重点污染企业，调停用关污染落后产业	完成企业涉汞、挥发性有机物、二噁英等大气污染物排放重点风险企业的关停或停工艺调整，全市电镀、热处理、锻造、铸造等四大加工工艺产能总量明显压缩			上海市清洁空气行动计划（2013～2017年）
	料场堆场	整治、改造散装原燃料、废料堆场	5年累积完成工业企业结构调整2500项左右	2017年，大型煤堆、料堆全面实施封闭储存，建设防风抑制墙，喷洒抑尘剂等措施		
面源污染治理	秸秆	加强秸秆焚烧和综合利用	还田、农田秸秆综合利用率达到90%以上	累计完成600万亩次秸秆综合利用	农田秸秆综合利用率达到92%以上。	
有机物	有机物排放	加快挥发性有机物治理	完成宝钢集团、上海石化、高桥石化、华谊集团、上海化工区、长兴造船基地、各汽车整车制造企业的挥发性有机物废气收集净化治理。完成100家左右重点企业挥发性有机物治理工作		全面推进企业挥发性有机物治理，现役工业源挥发性有机物在2012年基础上减排30%以上	
建设行业	建筑工地	全面加强建筑工地扬尘污染控制	全市拆房工地降尘设备安装率达到85%，中心城区施工达标率达到98%，郊区县达到95%	中心城区文明施工达标率达到80%以上	全市拆房工地降尘设备安装率达到90%，全市文明施工达标率达到98%以上	
	码头、堆场、商品混凝土搅拌站	推进码头、堆场和商品混凝土搅拌站的料仓与传送装置密闭化改造和场地整治	保留的商品混凝土搅拌站降尘设备安装率达到100%，外港散货堆场和其他砂石料场降尘设备安装率达到80%以上		外港散货堆场降尘设备安装率达到100%，内港散货堆场	
	道路	加强道路扬尘污染控制	城市快速路、高速公路路面机械清扫每天不少于1次，高污染天每天不少于2次	中心城区道路冲洗率达到75%以上，郊区县达到45%以上	中心城区道路冲洗率达到78%以上，郊区县达到48%以上	
	城市绿化与林业	推进郊区林地和市区绿化建设	新增城市绿地（含外环生态专项）3000公顷和立体绿化90公顷	新增城市绿地（含外环生态专项）4000公顷、生态公益林4000公顷	累计新增城市绿地（含外环生态专项）4600公顷和立体绿化150公顷	
	污水处理厂	控制污水处理厂大气污染排放	完成曲阳、天山污水处理厂的臭气污染治理			

表 5-2 浙江省大气污染防治行动方案实施路线

项目	类别	措施	第 1 阶段（2013～2014）	第 2 阶段（2015 年）	第三阶段（2016～2017 年）	相关政策文件
清洁能源替代	燃煤锅炉	淘汰燃煤小锅炉	杭州、宁波、湖州、嘉兴、绍兴等市淘汰 10 蒸吨以下的燃煤锅炉，其他地区淘汰 6 蒸吨以下的燃煤锅炉		全省基本淘汰 10 蒸吨以下的燃煤锅炉。	浙江省大气污染防治行动计划（2013—2017 年）
		清洁能源替换	基本完成燃煤锅炉、窑炉、10 万千瓦以下自备燃煤电站的天然气改造、电或其他清洁能源		供热供气管网未覆盖地区采用其他清洁能源	
	煤炭	控制煤炭消费总量	到 2017 年，力争实现现煤炭消费总量负增长；洁净煤使用率 90% 以上			
	天然气	完善天然气主干管网规划与建设		县以上城市供气管网全覆盖，天然气供应量力争达到 150 亿方	天然气供应量达到 240 亿方左右	
	其他清洁能源	发展水电、核电、风能、地热能、太阳能		全省可再生能源占能源消费总量 4% 左右	到 2017 年，全省核电装机容量达到 890 万千瓦	
机动车污染防治	清洁能源汽车		每年新增公共汽车中国清洁能源汽车比例达到 50% 以上，杭州、宁波、温州中心城区公共交通出行分担率达到 30% 以上。	中国清洁能源汽车比例达到 30% 以上，杭州、宁波、温州等市力争更高。营运公交车每年淘汰或完成改造 10% 左右	全省基本淘汰 10 蒸吨以下的燃煤锅炉、其他地区淘汰 6 蒸吨以下的燃煤锅炉，宁波、温州等市力争更高	2014 年浙江省大气污染防治实施计划
	城市交通	实施公交优先战略，加快推进轨道交通建设	杭州、宁波、温州公共交通出行分担率提高 3%，其他城市提高 2%			
	机动车管理	机动车升级改造	鼓励出租车每年更换高效尾气净化装置，加快推进公交车、出租车、低速汽车升级换代，限制低速汽车在城市中心区域行驶			浙江省大气污染防治行动计划（2013～2017 年）
	黄标车	淘汰"黄标车"	全省全面淘汰黄标车。2013 年，供应国 IV 标准的车用汽油；2014 年前，供应国 IV 标准的车用柴油			
	油品质量	加快油品质量升级		供应国 V 标准的车用汽、柴油		

续表

项目	类别	措施				相关政策文件
			第1阶段（2013~2014年）	第2阶段（2015年）	第三阶段（2016~2017年）	
工业企业污染治理	电厂	脱硫	全省基本完成热电企业脱硫工程建设，镇海炼化催化裂化装置建设并投运			浙江省大气污染防治行动计划（2013~2017年）
		火电机组降氮脱硝改造	所有火电机组（含热电）完成烟气脱硝治理或低氮燃烧技术改造设施建设并投运			
		执行烟尘排放限值	所有火电机组氮氧化物排放浓度应在2014年7月1日前达到《火电厂大气污染物排放标准》（GB13223—2011）规定的浓度限值。		2017年前，所有新建、在建火电机组必须采用烟气清洁排放技术，现有60万千瓦以上火电机组基本完成燃气轮机二轮气清洁排放要求	
	工业锅炉	烟气脱硫改造	全省所有燃煤锅炉和工业窑炉完成脱硫设施建设或改造			浙江省淘汰落后产能规划（2013~2017年）
		除尘改造	全省燃煤锅炉和工业窑炉基本完成除尘设施建设或改造			
	水泥	降氮脱硝、高效除尘	所有水泥回转窑完成烟气脱硝治理或低氮燃烧技术改造设施建设并投运			
	钢铁、石化	脱硫	镇海炼化催化裂化装置完成脱硫设施建设并投运	所有钢铁企业的烧结机和球团生产设备、石油炼制企业的催化裂化装置、有色金属冶炼企业都要安装脱硫设施		
绿色经济	循环经济	构建循环工业体系	全省单位工业增加值能耗比2012年降低20%、70%以上的国家级园区和50%以上的省级园区实施循环化改造。主要有色金属品种以及钢铁的循环再生比重达到40%以上			
	绿色经济	实施清洁生产先进技术改造	钢铁、水泥、化工、石化、有色金属冶炼等重点行业的排污强度较2012年下降30%以上			

续表

项目	类别	措施			相关政策文件
		第 1 阶段（2013~2014 年）	第 2 阶段（2015 年）	第三阶段（2016~2017 年）	
优化产业结构	落后产能	淘汰落后产能	2013~2015 年，钢铁行业淘汰落后产能 60 万吨，水泥行业淘汰 300 万吨	淘汰落后钢铁产能 20 万吨，水泥 150 万吨	浙江省大气污染防治行动计划（2013~2017 年）
面源污染治理	城市扬尘		全省县以上城市道路机械化清扫率达到 45%以上	全省县以上城市道路机械化清扫率分别达到 50%以上	
集中供热需求的产业区	用热需求的产业区	推进工业园区集中供热和煤改气	全省工业园区（产业集聚区）基本实现集中供热	全省工业园区（产业集聚区）全面实现集中供热	
有机物排放	有机物	挥发性有机废气治理	2013 年前完成印染行业定型机废气整治和加油站油气回收工作	完成重点整治工程建设、完成重点污染源、重点行业集聚区的综合整治与验收	完成印染、炼化工、涂装、合成革、生活服务、橡胶塑料制品、印刷包装、木业、制革、化纤行业的 VOCs 整治	

表 5-3　江苏省大气污染防治行动计划实施路线

项目	类别	措施	第1阶段（2013～2014年）	第2阶段（2015年）	第3阶段（2016～2017年）	相关政策文件
优化能源结构	燃煤锅炉	淘汰燃煤小锅炉	基本完成燃煤锅炉、工业炉窑、自备燃煤电站的天然气等清洁能源替代改造任务		基本完成燃煤小锅炉整治任务	江苏省大气污染治行动计划实施方案
	煤炭	清洁能源替换		淘汰30万千瓦以下非热电联产燃煤火电机组		
	煤炭	控制煤炭消费总量	煤炭占能源消费总量比重降低到65%以下，力争实现全省煤炭消费总量负增长			
	天然气		天然气占一次能源比重力争达到12%以上			
	其他清洁能源	发展清洁能源	到2017年，区外来电规模达到1500万千瓦，核电装机规模达到200万千瓦，非化石能源占总能源7.3%	风电、光伏、生物质发电规模分别达到600万千瓦、200万千瓦、100万千瓦		
	提高能源利用效率		重点抓好火电、钢铁、建材、石化、化工、纺织等重点行业以及年耗能3000吨标准煤以上用能单位节能工作		实现改造节能超过1000万吨标准煤，单位工业增加值能耗比2012年降低20%左右	
机动车污染防治	城市交通	实施公交优先战略，加快推进轨道交通建设	推行城市公共交通、自行车、步行的城市交通模式，快速公交系统（BRT）等大容量公共交通网络；推广智能交通管理；出台绿色循环低碳交通运输体系实施方案	降低公共交通出行费用；加强城市轨道交通、城市公交专用道、大力发展城市公共自行车交通系统建设；加强城市步行和自行车交通基础设施建设	加快城市轨道交通、城市公交专用道、大力发展城市公共自行车	
				到2017年，城市居民公共交通出行分担率达到24%		
	机动车管理	机动车升级改造	出租、公交、环卫、邮政、电力等公共服务领域和政府机关率先使用新能源车，推进公交车、出租车"油改气"或"油改电"。加快新能源汽车配套基础设施建设		南京、常州、苏州、南通、盐城、扬州等城市共推广使用1万辆以上新能源汽车	
	黄标车	淘汰"黄标车"	2014年6月，全省所有省辖市划定黄标车限行区，2014年底，沿江8个省辖市各县（市）划定黄标车限行区	淘汰2000年12月31日前注册登记的微型、轻型客车和中型、重型汽油车，以及2005年前注册运营的黄标车，以及2007年12月31日前注册登记的中型、重型柴油车		

续表

项目	类别	措施			相关政策文件
		第 1 阶段（2013～2014 年）	第 2 阶段（2015 年）	第 3 阶段（2016～2017 年）	
船舶非道路污染控制				到 2017 年，集装箱码头轮胎式集装箱门式起重机（RTG）全部实现"油改电"或改用电动起重机。积极推进杂货码头轮胎品和汽车品"油改电"以及港区水平运输车辆（集卡）"油改气"，到 2017 年，杂货码头装卸设备"油改电"（"气"）比例达到 80%以上。	江苏省大气污染防治行动计划实施方案
油品质量	加快油品质量升级	2014 年，苏北 5 市供应符合国 IV 标准的车用汽油。2014 年，全面供应符合国 IV 标准的车用柴油	全面供应符合国 V 标准车用汽、柴油。		
电厂	脱硫	2014 年，完成燃煤电厂脱硫和除尘设施提标改造			
	火电机组降氮脱硝改造	2014 年，除循环流化床锅炉以外的燃煤机组均应安装脱硝设施			
工业企业污染治理	水泥 降氮脱硝、高效除尘	现役新型干法水泥生产线全部实施低氮燃烧，其中，熟料生产规模在 4000 吨/日以上的全部实施脱硝改造，综合脱硝效率不低于 60%。所有干法水泥生产线产完成脱硝改造。			
	钢铁、有色金属冶炼 脱硫	所有钢铁企业安装烧结机和球团生产设备全部安装脱硫设施 石油炼制企业催化裂化装置全部配套建设烟气脱硫设施，硫磺回收率达到 99%以上；有色金属冶炼行业完成生产工艺设备更新改造和治理设施改造，二氧化硫含量大于 3.5%的烟气采取制酸或其他方式回收处理，低浓度烟气回收处理，酸尾气进行脱硫处理			
绿色经济	构建循环工业体系	70%以上的国家级园区和 50%以上的省级园区实施循环化改造；80%的省级以上开发区达到国家生态工业园标准。主要有色金属品种及钢铁的循环再生比重达到 40%左右		主要有色金属品种以及钢铁的循环再生比重达到 40%左右	
经济 清洁生产	实施清洁生产先进技术改造	火电、钢铁、水泥、化工、石化、有色金属冶炼等行业定期开展强制性清洁生产审核，开展重点企业清洁生产绩效审计 到 2017 年，重点行业主要污染物排放强度比 2012 年下降 30%以上			

续表

项目	类别	措施			相关政策文件
		第1阶段（2013～2014年）	第2阶段（2015年）	第3阶段（2016～2017年）	
优化产业结构	淘汰落后产能	制定范围更广、标准更高的落后产能淘汰政策，完善落后产能公告制度和目标责任制，建立提前淘汰落后产能激励机制			江苏省大气污染防治行动计划实施方案
面源污染	城市扬尘污染	到2017年，沿江8市市城市建成区主要车行道机扫率达到90%以上，其他城市建成区主要车行道机扫率达到80%以上。			
集中供热	用热需求的产业园区	推进工业园区集中供热和煤改气。沿江8市除上大压小或淘汰燃煤锅炉新增热源外，不再新建燃煤热电厂。在现有热电企业密集地区开展综合整治企业数量		苏北5市逐步扩大供热范围，适度增加热电厂，推进大型发电厂集中供热技术改造及热管网建设，逐步减少热电	
有机物排放	挥发性有机废气治理	试点推进一批重点企业完成"泄漏检测与修复"技术体系建设，积极开展原油成品油码头油气回收治理	石化、化工等行业全面推广"泄漏检测与修复"技术，完成重点化工园区和重点企业废气排放源整治		

表 5-4　长三角地区 2013～2017 年燃煤锅炉淘汰情况

年份	锅炉补贴/(万元/蒸吨) 长三角地区	淘汰锅炉数/个			蒸吨数/蒸吨			小计/万元		
		江苏	上海	浙江	江苏	上海	浙江	江苏	上海	浙江
2013										
2014		3840	1200	2680	19 200	6000	13400			
2015	2							110 400	12 000	31 600
2016		7200	0	480	36 000	0	2400			
2017										

长三角地区燃煤锅炉改造供需资金 142.63 亿元，其中江苏省需要资金 100 亿元，上海市需要资金 7.63 亿元，浙江省需要资金 35 亿元（表 5-5）。

表 5-5　长三角地区 2013～2017 年燃煤锅炉改造情况

年份	补贴/(万元/蒸吨)			改造锅炉数/个			蒸吨数/蒸吨			小计/万元		
	江苏	上海	浙江	江苏	上海	浙江	江苏	上海	浙江	江苏	上海	浙江
2013					350			1076.923				
2014				8000	400	5600	50 000	1230.769	28 000			
2015	8	25	10		241			741.5385		1 000 000	76 230.763	350 000
2016				15 000	0	1000	75 000	0	7000			

5.2.2　黄标车淘汰

长三角地区淘汰黄标车供需资金 91.30 亿元，详见表 5-6 所示。

表 5-6　长三角地区 2013～2017 年黄标车淘汰情况

年份	补贴金额/(元/辆)			淘汰数量/万辆			总计/万元
	江苏	上海	浙江	江苏	上海	浙江	
2013		5000			5.2	15	
2014				39.95		12	
2015	5750	2500	13 825		18 / 15	15	912 987.5
2016				5.5	0	0	
2017					0	0	

5.2.3　油品升级

经测算，长三角地区油品升级供需投入资金 483.18 亿元，详见表 5-7。

表 5-7　长三角地区汽油、柴油产量表

年份	上海		浙江		江苏	
	汽油产量/万吨	柴油产量/万吨	汽油产量/万吨	柴油产量/万吨	汽油产量/万吨	柴油产量/万吨
2000	263.69	401.3	178.98	387.4	171.53	408.69
2001	240.38	448.19	174.52	437.89	172.03	383.83
2002	268.01	452.46	198.94	488.88	184.94	369.26
2003	297.94	571.35	245.05	549.69	215.18	433.99
2004	290.56	637.89	292.47	688.47	219	544.96
2005	263.45	717.86	288.69	728.09	233.25	725.87
2006	248.16	639.32	254.94	749.5	200.58	702.33
2007	211.1	603.47	259.74	758.73	223.65	696.3
2008	244.88	747.98	288.75	862.33	232.18	738.33
2009	260.04	682.63	321.32	825.9	318.24	751.1
2010	259.7	773.61	305.1	832.6	286.5	808.3
2011	274.4	798.9	315.2	870.9	298.5	746.8
2012	305	822.1	284.24	801.76	344.4	678.7
2013	499.2	859.3	285.1	769.1	452	759.1
2014	320.8316	954.22	332.647	880.235	295.1425	868.47
2015	329.4545	996.378	342.668	910.322	303.1184	901.988
2016	338.0774	1038.536	352.689	940.409	311.0943	935.506
2017	346.7003	1080.694	362.71	970.496	319.0702	969.024

5.2.4　工业企业治理

长三角地区火电行业脱硫共需投入资金2.31亿元,脱硝共需投入63.53亿元,除尘共需投入 30.91 亿元;钢铁企业烧结机脱硫共需投入资金 10.46 亿元,除尘共需投入资金 1.4 亿元;水泥企业脱硝共需投入资金 7.14 亿元,除尘共需投入资金 13.16 亿元;石油化工企业脱硫共需投入资金 5.25 亿元,油气回收油库需要投资 3.92 亿元,加油站需要投资 11.8 亿元,油罐车需要投资 0.36 亿元,VOC 综合治理需要投入资金 128.56 亿元(表 5-8)。

表 5-8　工业企业污染治理投资需求核算数据表

行业		类型	地区		
			上海	江苏	浙江
火电	脱硫	脱硫改造机组容量/兆瓦	—	660.00	—
		单位投资费用/(万元/兆瓦)		35.00	
		投资需求/亿元		2.31	

续表

行业	类型		地区		
			上海	江苏	浙江
火电	脱硝	脱硝机组容量/兆瓦	7150.00	23 342.00	13 320.00
		单位投资费用/（万元/兆瓦）		14.50	
		投资需求/亿元		63.53	
	除尘	除尘改造机组容量/兆瓦	1680.00	20 686.67	19 406.00
		单位投资费用/（万元/兆瓦）		7.40	
		投资需求/亿元		30.91	
钢铁	烧结机脱硫	脱硫改造烧结机面积/立方米	264.00	3000.00	490.00
		单位投资费用/（万元/立方米）		27.87	
		投资需求/亿元		10.46	
	烧结机除尘	除尘改造烧结机面积/立方米	—	1008.00	—
		单位投资费用/（万元/立方米）		13.89	
		投资需求/亿元		1.40	
石油化工	脱硫	生产设施规模/（万吨/年）	290.00	450.00	300.00
		单位投资费用/（万元/万吨产能）		47.50	
		投资需求/亿元		5.25	
	油气回收	油库/个	20.67	35.33	3.92
		加油站/个	726.67	1633.33	11.80
		油罐车/个	202.67	510.00	0.36
水泥	脱硝	脱硝熟料产能/（吨/天）	—	94 350.00	48 500.00
		低氮燃烧+SNCR 投资/（万元/（吨/天））	0.50	—	—
		投资需求/（亿元）	7.14	—	—
	除尘	除尘熟料产能/（吨/天）	—	81787.50	54234.00
		袋式除尘改造投资/（万元/（吨/天））		0.14	
		投资需求/亿元		13.16	
VOC 治理		项目个数/个	23.67	164.25	233.43
		平均项目投资/（万元/个）		3051.11	
		投资需求/亿元		128.56	

5.3　长三角大气污染防治行动计划投融资需求核算

本书从一次性投资、政府补贴及运行成本三方面分析。一次性投资是包括改造项目的设备购置、工程建筑、安装费用，以及技术服务费用在内的完成改造所需投入，政府补贴是为了鼓励企业或个人积极完成改造项目政府给予的补贴资金，包含于一次性投资之中。运行成本则是在按照《大气污染防治行动计划》实施更新改造后年度运行成本核算。

　　大气污染防治行动计划中主要的改造措施,优化能源结构、移动源污染防治、工业企业污染治理的投资需求分别为 667.59 亿元、1438.31 亿元和 278.79 亿元。交通污染防治是长三角污染防治投资中的重点,其中新能源汽车的投资占据六成以上。而新能源汽车的基础设施投资较小,充电站基础设施和配电设施投资在 500 万元左右,且长期收益客观,如果电池续航能力能够达到半小时 70kV·A 以上,充电站成本回收期能控制在 6 年以内。

　　改造燃煤锅炉作为大气污染防治行动计划的主要措施,所需投资额也达到 652.19 亿元。但由于数据缺失,产业集聚区的集中供热投资需求并未进行测算,这也使得能源结构优化措施这一部分的投资量并不突出。

　　工业企业污染治理投资并不突出,这主要是由于近年来日益严格的排放标准使得企业不断进行环保设备更新改造。2012 年,长三角地区火电机组脱硫改造已基本完成,在《重点区域大气污染防治"十二五"规划》中长三角地区仅有连云港市在 2012 年还未完成脱硫改造,因此大气污染防治行动计划实施期间火电行业脱硫项目投资仅为 2.31 亿元。工业企业污染治理中,VOC 综合治理投入大,VOC 排放作为形成 $PM_{2.5}$ 的重要来源,且 VOC 污染物涉及的行业类型繁多,目前也成为长三角大气污染治理的重点,因此在未来一段时期 VOC 治理的投资仍有望继续提升。

表 5-9　长三角大气污染防治行动计划投融资需求汇总 [4]

类别	项目			投资/亿元
优化能源结构	关停燃煤锅炉			15.40
	改造燃煤锅炉			652.19
	小计			667.59
移动源污染防治	新能源汽车 [2]	天然气汽车	汽车	107.14
			加气站	11.94
		电力汽车	汽车	729.88
			充电站	14.87
	淘汰黄标车			91.30
	油品升级			483.18
	小计			1438.31
工业企业污染治理 [1]	火电		脱硫	2.31
			脱硝	63.53
			除尘	30.91

续表

类别	项目		投资/亿元
工业企业污染治理[1]	钢铁　烧结机	脱硫	10.46
		除尘	1.40
	水泥	脱硝	7.14
		除尘	13.16
	石油化工	脱硫	5.25
	油气回收	油库	3.92
		加油站	11.80
		油罐车	0.36
	VOC 综合治理[3]		128.56
	小计		278.79

注：1. 工业企业污染治理投资数据来自南京、无锡企业实地调研，及《重点区域大气污染防治"十二五"规划》。

2. 交通源数据来自政府公布的政策文件及相关文献，其中关于新能源汽车数据，天然气汽车规划数量只获取得到江苏省部分，我们利用 2013 年江苏、上海、浙江常住人口比值作为比例系数，测算出上海、浙江 2013～2017 年天然气汽车规划数量。

3. 表中投资为 2013～2017 年投资额总和，VOC 综合治理由于缺少数据，为 2013～2015 年投资额。

4. 运行成本为改造项目在 2013～2017 年间所需的运行费用总和。

5.4　长三角污染防治大气行动计划实施的健康效应评估

根据流行病学研究方法的暴露-反应关系，对大气污染防治行动计划实施后的健康效应进行定量化预测，结果见表 5-10。呼吸系统疾病及心血管系统疾病引起的死亡人数下降明显，到 2017 年，长三角地区因实施大气污染防治行动计划而减少的慢性死亡人数为 2.79 万人，占长三角常住人口总数的 0.025‰（图 5-1）。

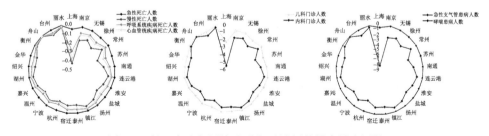

图 5-1　长三角大气污染防治行动计划的健康效应评估

表 5-10　长三角大气污染防治行动计划的健康效应评估

地区	死亡人口/万人				门诊/万人		患病人口/万人	
	急性	慢性	呼吸系统疾病	心血管疾病	儿科（0～14岁）	内科（15岁以上）	急性支气管炎	哮喘
上海	-0.059	-0.437	-0.298	-0.370	-2.359	-5.546	-8.265	-0.659
南京	-0.023	-0.172	-0.090	-0.112	-0.713	-1.677	-2.499	-0.150
无锡	-0.018	-0.136	-0.071	-0.089	-0.564	-1.327	-1.977	-0.119
徐州	-0.025	-0.183	-0.095	-0.119	-0.757	-1.779	-2.652	-0.160
常州	-0.013	-0.099	-0.052	-0.064	-0.410	-0.963	-1.435	-0.086
苏州	-0.027	-0.197	-0.103	-0.128	-0.817	-1.920	-2.861	-0.172
南通	-0.019	-0.141	-0.074	-0.092	-0.586	-1.377	-2.053	-0.123
连云港	-0.011	-0.085	-0.044	-0.055	-0.352	-0.828	-1.234	-0.074
淮安	-0.015	-0.110	-0.058	-0.072	-0.456	-1.073	-1.599	-0.096
盐城	-0.018	-0.136	-0.071	-0.088	-0.564	-1.325	-1.975	-0.119
扬州	-0.012	-0.088	-0.046	-0.057	-0.365	-0.858	-1.279	-0.077
镇江	-0.009	-0.063	-0.033	-0.041	-0.261	-0.613	-0.914	-0.055
泰州	-0.014	-0.104	-0.054	-0.068	-0.432	-1.015	-1.513	-0.091
宿迁	-0.013	-0.098	-0.051	-0.064	-0.406	-0.954	-1.422	-0.086
杭州	-0.016	-0.120	-0.086	-0.107	-0.684	-1.608	-2.396	-0.144
宁波	-0.010	-0.076	-0.057	-0.071	-0.453	-1.064	-1.586	-0.095
温州	-0.015	-0.109	-0.078	-0.097	-0.618	-1.454	-2.167	-0.130
嘉兴	-0.010	-0.073	-0.045	-0.056	-0.357	-0.839	-1.250	-0.075
湖州	-0.008	-0.056	-0.031	-0.039	-0.248	-0.582	-0.868	-0.052
绍兴	-0.012	-0.087	-0.048	-0.060	-0.380	-0.894	-1.333	-0.080
金华	-0.012	-0.087	-0.056	-0.069	-0.441	-1.036	-1.544	-0.093
衢州	-0.005	-0.034	-0.021	-0.026	-0.166	-0.390	-0.581	-0.035
舟山	-0.001	-0.009	-0.005	-0.007	-0.042	-0.100	-0.149	-0.009
台州	-0.009	-0.069	-0.048	-0.059	-0.378	-0.888	-1.323	-0.080
丽水	-0.003	-0.026	-0.015	-0.019	-0.120	-0.282	-0.420	-0.025

　　呼吸系统有关疾病的患病率也因而下降，其中急性支气管炎尤为突出，到2017 年长三角地区由于大气污染防治行动计划的实施减少的急性支气管炎患病人数为 45.29 万人，占该区域常住人口数的 3.9%。

　　损失寿命的分析结果显示，大气污染防治行动计划实施后，长三角地区损失寿命年限均下降，即寿命有延长趋势。综合看来，女性寿命延长年限为 0.76～1.91年，男性则为 0.48～0.81 年。其中江苏泰州和淮安的女性寿命延长约 1.91 年，比浙江丽水男性延长时间 0.48 年高 3 倍以上。泰州和淮安两地的年龄小于 65 岁的较年轻人群寿命分别延长 2.07 和 2.06 年；老年人寿命变化量并不突出，延长年限在 0.26～0.65 年（表 5-11）。

表 5-11　长三角大气污染防治行动计划的避免损失寿命效应评估

地区	损失寿命 YLL/年			
	男性	女性	≤65 岁	>65 岁
上海	-0.61	-1.43	-1.55	-0.49
南京	-0.75	-1.78	-1.92	-0.61
无锡	-0.76	-1.79	-1.94	-0.61
徐州	-0.75	-1.77	-1.91	-0.61
常州	-0.76	-1.79	-1.93	-0.61
苏州	-0.67	-1.58	-1.71	-0.54
南通	-0.7	-1.66	-1.79	-0.57
连云港	-0.68	-1.61	-1.74	-0.55
淮安	-0.81	-1.91	-2.06	-0.65
盐城	-0.67	-1.58	-1.71	-0.54
扬州	-0.71	-1.68	-1.82	-0.57
镇江	-0.72	-1.69	-1.83	-0.58
泰州	-0.81	-1.91	-2.07	-0.65
宿迁	-0.71	-1.67	-1.81	-0.57
杭州	-0.66	-1.56	-1.69	-0.53
宁波	-0.5	-1.19	-1.29	-0.41
温州	-0.57	-1.33	-1.44	-0.46
嘉兴	-0.67	-1.58	-1.71	-0.54
湖州	-0.74	-1.74	-1.88	-0.59
绍兴	-0.66	-1.57	-1.7	-0.54
金华	-0.69	-1.63	-1.76	-0.56
衢州	-0.67	-1.57	-1.7	-0.54
舟山	-0.32	-0.76	-0.82	-0.26
台州	-0.53	-1.25	-1.35	-0.43
丽水	-0.48	-1.13	-1.22	-0.39

5.5　长三角大气污染防治行动计划投入的社会经济影响

5.5.1　对 GDP 和就业的影响

　　模拟 2013～2017 年长三角大气污染防治行动计划项目实施对该地区 GDP 和就业的影响效应。经测算，项目实施将使长三角地区 GDP 增长 2782.03 亿元（5年合计，下同），增加就业岗位 238 285 个。其中环保治理投资拉动 GDP 增长 3166.8

亿元,增加就业岗位 265 484 个。淘汰落后产能将在一定程度上对经济增长起到负面作用,造成 GDP 减少 384.77 亿元,减少就业岗位 27 199 个。

表 5-12　长三角大气污染防治行动计划实施对 GDP 和就业的影响

类别	GDP/亿元	就业岗位/个
投资拉动	3166.8	265 484
淘汰落后产能	−384.77	−27 199
合计	2782.03	238 285

5.5.2　对重点行业绿色化发展的影响

根据长三角大气污染防治行动计划投资需求测算结果可知,大气污染防治行动计划将直接投资在交通运输设备制造业、通用专用设备制造业、金属制品业、建筑业、综合技术服务业、电力、热电生产和供应业。投资比重分别为:40.05%、36.85%、10.13%、10.05%、2.28% 和 0.64%。按行业划分,长三角大气污染防治行动计划环保治理投入方面的贡献度测算结果来看,总贡献方面,GDP、居民收入和就业指标所受影响最大的行业是其他服务业、交通设备制造业和通用专用设备制造业;金属冶炼及压延加工业、化学工业、金属制品业、批发和零售业、农林牧渔业、建筑业和交通运输及仓储业等行业在各项指标中同样属于收益较大的行业(图 5-2)。

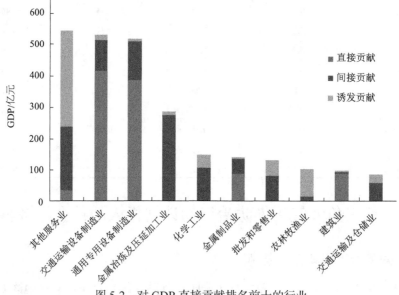

图 5-2　对 GDP 直接贡献排名前十的行业

经核算,其他服务业对 GDP 的贡献为 544.48 亿元;交通运输设备制造业对

GDP 的贡献为 531.32 亿元；通用专用设备制造业对 GDP 的贡献为 518.17 亿元。十大行业对 GDP 的贡献占总贡献的 82.1%。由图 5-2 可以看出，在对 GDP 总贡献排名前十的行业中，交通运输设备制造、通用专用设备制造、建筑和金属制品等行业在各项指标或部分指标中以直接贡献为主；金属冶炼及压延加工业、化学工业、批发和零售业、交通运输及仓储等行业在各项指标或部分指标中以间接贡献为主；而与居民生活相关的农林牧渔、服务等行业在各项指标或部分指标中以诱发贡献为主。

其他服务业对居民收入的贡献为 211.71 亿元；交通运输设备制造业对居民收入的贡献为 119.41 亿元；通用专用设备制造业对居民收入的贡献为 103.8 亿元。十大行业对居民收入的贡献占总贡献的 86.83%。由图 5-3 可以看出，在对居民收入总贡献排名前十的行业中，交通运输设备制造业、通用专用设备制造业、建筑业和金属制品业等行业在各项指标或部分指标中以直接贡献为主；批发和零售业、金属冶炼及压延加工业、交通运输及仓储业和化学工业等行业在各项指标或部分指标中以间接贡献为主；而与居民生活相关的农林牧渔业、其他服务等行业在各项指标或部分指标中以诱发贡献为主。

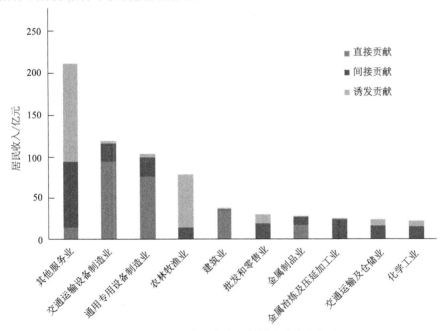

图 5-3　对居民收入直接贡献排名前十的行业

其他服务业对就业人数的贡献为 71 202 人；交通运输设备制造业对就业人数的贡献为 39 262 人；通用专用设备制造业对就业人数的贡献为 35 780 人。十大行业对就业人数的贡献占总贡献的 86.86%。由图 5-4 可以看出，在对就业总贡献排名前十的行业中，交通运输设备制造业、通用专用设备制造业、建筑业和金属制品业等行业在各项指标或部分指标中以直接贡献为主；批发和零售业、金属冶炼及压延加工业、交通运输及仓储业和化学工业等行业在各项指标或部分指标中以间接贡献为主；而与居民生活相关的农林牧渔业、其他服务业等行业在各项指标或部分指标中以诱发贡献为主。

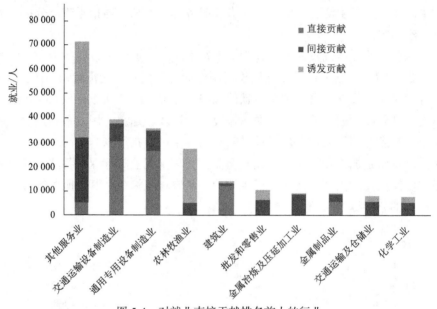

图 5-4　对就业直接贡献排名前十的行业

第6章 珠三角大气污染防治行动计划投资需求与影响

6.1 珠三角大气污染防治行动计划目标及任务分解

自国务院颁布"国十条"后,各省纷纷出台"省十条"对本地的大气污染采取防治措施,并根据"国十条"的目标要求结合当地实际情况提出了更为详细的目标及相应的任务,本节便对《广东省大气污染防治行动计划》的主要目标及任务分解进行详细介绍。

6.1.1 主要目标

力争到 2017 年,珠三角区域细颗粒物(PM$_{2.5}$)年均浓度在中国重点控制区域率先达标,区域内空气质量明显好转,重污染天气较大幅度减少,优良天数逐年提高,区域可吸入颗粒物(PM$_{10}$)年均浓度比 2012 年下降 10%,珠三角地区各城市二氧化硫(SO$_2$)、二氧化氮(NO$_2$)和可吸入颗粒物年均浓度达标;珠三角区域细颗粒物年均浓度比 2012 年下降 15%左右,臭氧(O$_3$)污染形势有所改善;与 2012 年细颗粒物年均浓度相比,广州、佛山(含顺德区)、东莞市下降 20%,深圳、中山、江门、肇庆市下降 15%;珠海、惠州市细颗粒物年均浓度不超过 35 微克/立方米;珠三角地区以外的城市环境空气质量达到国家标准要求,可吸入颗粒物年均浓度不超过 60 微克/立方米、细颗粒物年均浓度不超过 35 微克/立方米。

6.1.2 任务分解

根据珠三角各省市的行动方案,各政策方案的具体实施路线如表 6-1 所示。

6.2 投融资需求分析

6.2.1 燃煤锅炉整治

珠三角地区燃煤锅炉整治共需资金 25.14 亿元,珠三角地区 2013~2015 年燃煤锅炉整治数量及规模见表 6-2。

表 6-1　珠三角大气污染行动计划实施方案实施路线

项目	类别	措施	第一阶段（2013~2014年）	第二阶段（2015年）	第三阶段（2016~2017年）	相关政策文件
清洁能源替代	燃煤锅炉	淘汰10蒸吨/时以下的小锅炉	淘汰10蒸吨/时以下的工业小锅炉4033台			《广东省"十二五"后半期主要污染物总量减排行动计划》
		10蒸吨以上改燃清洁能源		747台10~20蒸吨/时工业锅炉改燃清洁能源，改进燃烧方式		
	煤炭	控制煤炭消费总量			煤炭占全省能源消费比重下降到36%	
	天然气	完善天然气主管网规划与建设		天然气管网通达珠三角地区有用气需求的工业园区	天然气供应力达500亿立方米	《广东省大气污染防治行动方案（2014~2017年）》
	其他清洁能源	发展水电、核电、开发地热能、风能、太阳能	到2017年，运行核电机组装机容量超过960万千瓦		非化石能源消费比重显著高超过20%以上	
	工业燃料品质	控制煤炭硫份灰份	火电厂燃煤煤含硫量控制在0.7%以下，工业锅炉和窑炉燃煤含硫量控制0.8%以下		燃油含硫量控制0.6%以下	
机动车污染防治	城市交通	公交优先、新能源汽车推广、发展绿色货运		2015年1月1日起，全省实施货物运输	使用符合国Ⅲ以上排放标准的车辆进行货物运输	《广东省"十二五"机动车污染总量减排实施方案》
	排放标准	全面实施道路运输车辆燃料消耗量限值标准和准入制度	2013年7月1日起，全省实施国家第4阶段重型柴油车排放标准			《广东省大气污染防治行动方案(2014-2017年)》
	在用车辆	在用车辆定期检测与维护制度	机动车环保定期检测率达到80%，环保检验合格标志发放率达90%	完成超期未年检车辆清查专项行动		
	黄标车	淘汰"黄标车"	2015年，各城市"黄标车"限行区面积占城市建成区面积的比例不低于40%，其他城市限行区面积比例不低于30%，设立电子执法系统			

续表

项目	类别	措施	第一阶段（2013～2014年）	第二阶段（2015年）	第三阶段（2016～2017年）	相关政策文件
	油品质量	加快油品质量升级	全面供应粤Ⅴ车用汽油			
	船舶、港口及其他机械设备	推动粤港澳合作控制远洋船舶污染物排放	2014年1月1日，实施国Ⅰ船用发动机排放标准 2017年前，全省原油、成品油码头完成油气综合治理，基本完成沿海和河内主要港口轮胎式门式起重机的"油改电"工作，工作船舶和港务管理船舶基本实现靠港使用岸电			
	电厂	脱硫	12.5万千瓦及现役燃煤火电机组取消烟气旁路	12.5万千瓦以上的燃煤火电机组脱硫率高于95%		《广东省"十二五"后半期主要污染物总量减排行动计划》
		脱硝	1158.5万千瓦现役燃煤火电机组降氮脱硝改造 12.5万千瓦以上现役燃煤火电机组降氮脱硝工程完成脱硝氨降率达85%	综合脱硝率达85%		《广东省火电厂脱硝实施方案》
		执行烟尘排放限值	2014年7月1日起，所有燃煤机组执行烟尘特别排放限值。			《火电厂大气污染物排放标准》（GB13223-2011）
工业企业污染治理	工业锅炉	烟气脱硫改造		20蒸吨/时以上锅炉实施烟气脱硫改造		《广东省"十二五"后半期主要污染物总量减排行动计划》
		低氮燃烧改造		35蒸吨/时以上锅炉（循环流化床锅炉除外）进行低氮燃烧改造		《广东省工业锅炉污染整治实施方案（2012～2015年）》
		烟气脱硝工程建设		65蒸吨/时以上锅炉（循环流化床锅炉除外）进行烟气脱硝工程建设，配套完善DCS系统		
	水泥	降氮脱硝、高效除尘	2000吨/日以上规模的现役新型干法水泥熟料生产线按要求完成氮燃烧和烟气脱硝改造 2000吨/日以下（不含本数）规模的现役新型干法水泥熟料生产线逐步实施低氮燃烧改造			《广东省水泥行业降氮脱硝实施方案》
	钢铁、石化	脱硫	所有石油催化裂化装置烟气脱硫，脱硫率达85%以上	所有钢铁烧结机完成脱硫		《广东省大气污染防治行动方案（2014～2017年）》
		脱硝			所有钢铁烧结机完成脱硝	

续表

项目	类别	措施	第一阶段（2013~2014年）	第二阶段（2015年）	第三阶段（2016~2017年）	相关政策文件
发展绿色经济	循环经济	构建循环工业体系	到2017年，单位工业增加值能耗比2012年降低20%以上，50%以上的各类省级园区实施循环化改造，主要有色金属品种以及钢铁的循环再生利用率达到40%以上		重点行业排污强度比2012年下降30%以上	《广东省大气污染防治行动方案（2014~2017年）》
	绿色经济	实施清洁生产先进技术改造				
优化产业结构	落后产能	淘汰落后产能	淘汰落后水泥产能2302万吨，制革产能25万标张，印装产能11844.5万米			《广东省"十二五"后半期主要污染物总量减排行动计划》
		淘汰落后产能				
面源污染治理	料场堆场	封闭储存或建设防风抑尘		重点港区完成扬尘污染综合治理任务	所有港区完成扬尘污染综合治理	《广东省大气污染防治行动方案（2014~2017年）》
集中供热	用热需求的产业区	取消278台高污染燃料锅炉，推进供热项目规划建设	编制完成全省工业园区和产业集聚区集中供热规划	产业园区基本实现集中供热，占供热总规模的30%左右	产业园区全部实现集中供热，占供热总规模的80%左右。	《广东省"十二五"后半期主要污染物总量减排行动计划》
有机物	有机物排放	工业源挥发性有机物	石油炼制企业应用LDAR技术，并与化工企业完成有机废气综合治理			
		典型行业挥发性有机物	加油站、储油库、油罐车、化工企业储蓄完成油气回收及其监控系统建设	生产企业采用密闭一体化生产技术，有机废气净化效率应大于90%		《关于珠江三角洲地区严格控制工业挥发性有机物排放的意见》
		生活源挥发性有机物		建成区内所有排放油烟建筑应安装油烟净化设施，正常使用率达到95%		《广东省大气污染防治行动方案（2014~2017年）》

表 6-2　珠三角地区 2013～2015 年燃煤锅炉整治数量及规模

地区	4 吨/时及以下(含 4 吨/时)更新替代		使用 8 年以上 4～10 吨/时(不含 10 吨/时)更新替代		10～20 吨/时(不含 20 吨/时)烟气治理		20 吨/时及以上锅炉烟气治理	
	数量/台	规模/蒸吨	数量/台	规模/蒸吨	数量/台	规模/蒸吨	数量/台	规模/蒸吨
广州	149	406	99	595	82	928	63	3613
深圳	24	51	4	26	1	16	—	—
珠海	13	39	12	76	10	110	5	255
佛山	205	554	148	896	75	868	38	1306
惠州	62	197	41	290	34	375	11	350
东莞	189	515	50	313	15	126	—	—
中山	88	304	90	555	76	856	26	991
江门	191	505	75	470	99	1116	46	2176
肇庆	129	286	34	206	48	575	24	672
珠三角	1050	2857	553	3427	440	4970	213	9363

6.2.2　黄标车淘汰

珠三角地区黄标车淘汰共需资金 28.35 亿元，详见表 6-3 所示。

表 6-3　珠三角地区 2013～2015 年黄标车淘汰数量及补助情况[1]

车辆类型		补贴金额/(万元/辆)	淘汰量/辆				合计/万元
			2013	2014	2015	小计	
货运车	重型	1.8	8046	22 461	26 413	56 920	102 456
	中型	1.3	9028	13 361	10 705	33 094	43 022.2
	轻型	0.9	35 911	55 041	54 050	145 002	130 501.8
	微型	0.6	1	11	6	18	10.8
客运车	大型	1.8	75	944	2450	3469	6244.2
	中型	1.1	154	366	621	1141	1255.1
	小型(不含轿车)	0.7	20	5	9	34	23.8
	微型(不含轿车)	0.5	0	0	0	0	0
1.35 升及以上排量轿车		1.8	—	—	—	—	
1 升(不含)至 1.35 升(不含)排量轿车		1	—	—	—	—	
1 升及以下排量轿车、专项作业车		0.6	—	—	—	—	
总计							283 513.9

1. 数据来源：《广东省"十二五"后半期主要污染物总量减排重点项目》、《深圳市黄标车提前淘汰奖励补贴办法（2013～2015 年）》

6.2.3　油品升级

珠三角地区油品升级共需投入资金 186.84 亿元，珠三角柴油、汽油 2013～2017 年产量详见表 6-4。

表 6-4　珠三角地区柴油、汽油年产量

年份	广东省[2]		珠三角[1]	
	柴油产量/万吨	汽油产量/万吨	柴油产量/万吨	汽油产量/万吨
2000	654.02	331.50	380.01	192.61
2001	685.33	323.81	398.20	188.14
2002	685.59	356.64	398.35	207.22
2003	716.37	371.44	416.23	215.82
2004	867.05	400.73	503.78	232.84
2005	875.28	367.23	508.57	213.37
2006	994.26	401.37	577.70	233.21
2007	1033.53	417.43	600.51	242.54
2008	1187.35	459.84	689.89	267.18
2009	1287.40	538.74	748.02	313.02
2010	1531.00	635.70	889.56	369.36
2011	1551.70	635.50	901.59	369.25
2012	1539.90	674.10	894.73	391.67
2013	1580.70	759.70	918.44	441.41
2014	—	—	994.55	483.87
2015	—	—	1043.10	528.93
2016	—	—	1091.65	577.25
2017	—	—	1140.20	628.86

注：1.珠三角地区 2014～2017 年柴油、汽油产量为预测数据。

2.数据来源为《广东省统计年鉴》、《中国能源统计年鉴》、《中国工业经济统计年鉴》等。

6.2.4　工业企业治理

珠三角地区工业企业污染治理共需投入资金 186.84 亿元，珠三角投融资需求核算数据表详见表 6-5。

表 6-5　工业企业污染治理投融资需求核算数据表[1,2]

火电	脱硫		
	取消旁路机组/兆瓦	单位投资费用/（万元/兆瓦）	投融资需求/亿元
	5980	0.263	0.16
	脱硝		
	脱硝机组容量/兆瓦	单位投资费用/（万元/兆瓦）	投融资需求/亿元
	3290	14.5	4.77

续表

火电	除尘		
	除尘改造机组容量/兆瓦	单位投资费用/（万元/兆瓦）	投融资需求/亿元
	7586.66	74 000	5.61
钢铁	烧结机除尘		
	除尘改造烧结机面积/平方米	单位投资费用/（万元/平方米）	投融资需求/亿元
	224	13.89	0.31
石油化工	脱硫		
	生产设施规模/（万吨/年）	单位投资费用/（元/吨产能）	投融资需求/亿元
	400	47.5	0.95
VOC 综合治理	项目个数	平均项目投资/（万元/个）	投融资需求/亿元
	83	3051.11	25.17
水泥	脱硝		
	脱硝熟料产能/（吨/天）	SNCR 投资/[万元/（吨/天）]	低氮燃烧投资/[万元/（吨/天）]	投融资需求/亿元
	22 500	0.3	0.2	1.125
	除尘		
	除尘熟料产能/（吨/天）	袋式除尘改造投资/[万元/（吨/天）]	投融资需求/亿元
	326	0.14	0.005

注：1. 工业企业污染治理单位投资费用来自广东省企业调研，

2. 改造量数据来自《重点区域大气污染防治"十二五"规划》，《广东省大气污染防治行动方案（2014-2017年）重点项目清单》等相关政策文件。

6.3　珠三角大气污染防治行动计划投融资需求核算

直接投资需求从一次性投资、运行成本与政府投资需求三部分来分析，一次性投资、运行成本为各改造项目在 2013～2017 年所需的总金额。政府投资是在总投资需求中为了鼓励企业或个人积极完成改造项目的所需资金投入。针对不同项目不同城市政府所指定的补贴政策也不尽相同（表 6-6）。

广东省大力推进工业园区建设和产业集聚发展，工业园区、产业聚集区的用热快速增长，但主要仍以低效分散小锅炉供热为主，且大部分为污染严重的燃煤燃油锅炉，集中供热程度总体较低，集中供热量仅占广东总供热量约 8%。随着工业园区和产业集聚区不断发展，以及大量进驻园区的新增用热企业，加快发展集中供热，关停淘汰分散供热锅炉，有利于规范供热管理，增强珠三角电源支撑能力，减少东西两翼送电珠三角地区的压力；也有利于进一步提高能源利用效率，减少大气污染物排放，改善珠三角地区空气质量。

表 6-6　珠三角大气污染防治行动计划投融资需求

类别	项目			一次性投资/亿元
优化能源结构	改造燃煤锅炉			25.14
	产业园区集中供热			220.00
	小计			245.14
移动源污染防治	电力汽车		汽车	318.84
			充电站	86.40
	淘汰黄标车			28.35
	油品升级			186.84
	小计			620.43
工业企业污染治理	火电		脱硫	0.16
			脱硝	4.68
			除尘	5.61
	钢铁	烧结机	除尘	0.31
	水泥		脱硝	1.13
			除尘	0.0046
	石油化工	脱硫		0.95
	VOC 综合治理			25.17
	小计			38.01

注：油品升级的成本是实施计划五年汽柴油生产过程增加的成本

　　"十二五"期间目标完成约 500 万千瓦在建工业园区热电联产项目建设。2015 年底，珠三角地区具有一定规模用热需求的工业园区基本实现集中供热，集中供热范围内的分散供热锅炉全部淘汰或者部分改造为应急调峰备用热源，力争使全省集中供热量约达到供热总规模的 30%；2017 年，珠三角产业集聚区实现集中供热，集中供热范围内的分散供热锅炉全部淘汰或者部分改造为应急调峰备用热源，不再新建分散供热锅炉，力争全省集中供热量占供热总规模超过 70%。按照"企业承担为主，政府适当补助"推动工业园区和产业集聚区集中供热并加快关停淘汰小锅炉。因此这部分投资多来自企业自筹和银行贷款。

　　在移动源污染防治中新能源电力汽车的一次性投资占了近 80%。2014 年广东省在汽车产业方面的投资预计达到 112.7 亿元，重点聚焦汽车制造、新能源汽车产业。《深圳市新能源汽车产业基地"十二五"规划》显示，深圳市将在坪山新区建设新能源汽车产业基地。到 2020 年，产值将达到 800 亿元，实现 20 万辆新能源汽车整车、60 万套电动汽车动力总成的产能规模，使深圳成为中国乃至全球重要的新能源汽车整车与关键零部件研发、测试、制造中心之一。广东未来有望借助新能源汽车在产业上实现新的突破。

6.4　珠三角大气污染防治行动计划实施的健康效应评估

本书根据流行病学研究方法的暴露-反应关系，对《大气污染防治行动计划》实施后的健康效应进行定量化预测（图 6-1）（表 6-7）。呼吸系统疾病及心血管系统疾病引起的死亡人数下降明显，到 2017 年，珠三角地区因实施广东省《大气污染防治行动计划》而减少的慢性死亡人数为 0.45 万人，约占珠三角常住人口总数的 0.1‰。其中，广州、深圳市因呼吸系统疾病引发的死亡人数变化量尤为突出，分别下降死亡病例 0.01 万，0.005 万。

呼吸系统有关疾病的患病率也因而下降，其中急性支气管炎尤为突出，到 2017 年珠三角地区由于实施《大气污染防治行动计划》，减少急性支气管炎病患 9.95 万人，占该区域常住人口数的 0.23%左右。易感人群（如有呼吸系统病史，体质较弱的老年人和儿童等）住院率也显著降低。

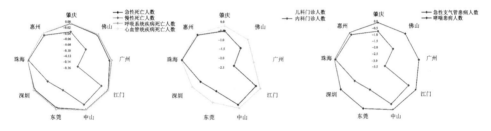

图 6-1　珠三角《大气污染防治行动计划》的健康效应评估

表 6-7　珠三角《大气污染防治行动计划》的健康效应评估

变化值	死亡人口/万人				门诊/万人		患病人口/万人	
	急性	慢性	呼吸系统疾病	心血管疾病	儿科（0~14 岁）	内科（15 岁以上）	急性支气管炎	哮喘
肇庆	-0.005	-0.033	-0.003	-0.003	-0.208	-0.488	-0.727	-0.058
佛山	-0.010	-0.076	-0.006	-0.007	-0.475	-1.116	-1.664	-0.132
广州	-0.018	-0.135	-0.011	-0.013	-0.841	-1.977	-2.946	-0.233
江门	-0.004	-0.033	-0.003	-0.003	-0.203	-0.476	-0.710	-0.056
中山	-0.003	-0.023	-0.002	-0.002	-0.141	-0.332	-0.495	-0.039
东莞	-0.010	-0.077	-0.006	-0.007	-0.476	-1.120	-1.669	-0.132
深圳	-0.009	-0.064	-0.005	-0.006	-0.401	-0.942	-1.404	-0.111
珠海	-0.001	-0.005	0.000	0.000	-0.029	-0.068	-0.102	-0.008
惠州	-0.001	-0.011	-0.001	-0.001	-0.065	-0.154	-0.229	-0.018

损失寿命情况的分析结果显示（表 6-8），因大气污染防治行动计划实施后空

气质量有不同程度提升，各地损失寿命均为负值，即死亡年龄有所提高，寿命延长。男性寿命损失缩减量明显低于女性，佛山、广州和东莞的女性寿命均延长 1 年以上。而相对年轻的人群寿命延长量也高于年龄超过 65 岁的老年人，佛山、广州、东莞和肇庆年轻人群寿命可延长 1 年以上。可见，迅速开展污染防治行动对提升人群健康，延长平均寿命至关重要。

表 6-8 珠三角《大气污染防治行动计划》避免损失寿命效应评估

地区	损失寿命 YLL/年			
	男性	女性	≤65 岁	>65 岁
肇庆	-0.41	-0.97	-1.05	-0.33
佛山	-0.52	-1.24	-1.34	-0.42
广州	-0.52	-1.23	-1.33	-0.42
江门	-0.36	-0.86	-0.93	-0.29
中山	-0.36	-0.84	-0.91	-0.29
东莞	-0.46	-1.09	-1.17	-0.37
深圳	-0.30	-0.70	-0.76	-0.24
珠海	-0.15	-0.34	-0.37	-0.12
惠州	-0.11	-0.26	-0.28	-0.09

6.5 珠三角大气污染防治行动计划投入的社会经济影响

6.5.1 对 GDP 和就业的影响

模拟 2013～2017 年珠三角大气污染防治行动计划项目实施对该地区 GDP 和就业的影响效应。经测算，项目实施将使珠三角地区 GDP 增长 852.85 亿元（5 年合计，下同），增加就业岗位 74 758 个。其中环保治理投资拉动 GDP 增长 1316.63 亿元，增加就业岗位 153 024 个。淘汰落后产能对经济增长将起到一定程度上的负面作用，造成 GDP 减少 463.78 亿元，减少就业岗位 78 266 个（表 6-9）。

表 6-9 珠三角大气污染行动计划实施对 GDP 和就业的影响

类别	GDP/亿元	就业岗位/个
投资拉动	1316.63	153 024
淘汰落后产能	-463.78	-78 266
行动计划合计	852.85	74 758

6.5.2　对重点行业绿色化发展的影响

根据珠三角大气污染防治行动计划投资需求测算结果可知将直接投资在交通运输设备制造业、金属制品业、通用专用设备制造业、建筑业、综合技术服务业。投资比重分别为：47.99%、22.51%、19.64%、7.08%、2.79%。按行业划分"珠三角大气污染防治计划"环保治理投入方面的贡献度测算结果来看,总贡献点方面,GDP 指标所受影响最大的行业是交通运输设备制造业、金属制品业和化学工业；居民收入和就业指标所受影响最大的行业是农林牧渔业、交通运输设备制造业和金属制品业。金融业、通用专用设备制造、石油和天然气开采业、房地产业、批发和零售业和电力热力的生产和供应业等行业在各项指标中同样属于收益较大的行业（图 6-2～图 6-4）。

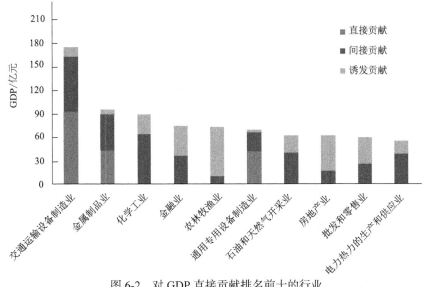

图 6-2　对 GDP 直接贡献排名前十的行业

经核算，交通运输设备制造业对 GDP 的贡献为 173.14 亿元；金属制品业对GDP 的贡献为 95.58 亿元；化学工业对 GDP 的贡献为 89.46 亿元。十大行业对GDP 的贡献占总贡献的 61.90%。由图 6-2 可以看出，在对 GDP 总贡献排名前十的行业中，交通运输设备制造业、通用专用设备制造业和金属制品业等行业在各项指标或部分指标中均以直接贡献为主；化学工业、石油和天然气开采业和电力热力的生产和供应业等行业在各项指标或部分指标中以间接贡献为主；而与居民生活相关的金融业、农林牧渔业、房地产业与批发和零售业等行业在各项指标或部分指标中以诱发贡献为主。

农林牧渔业对居民收入的贡献为 73.42 亿元；交通运输设备制造业对居民收入的贡献为 59.27 亿元；金属制品业对居民收入的贡献为 41.38 亿元。十大行业对

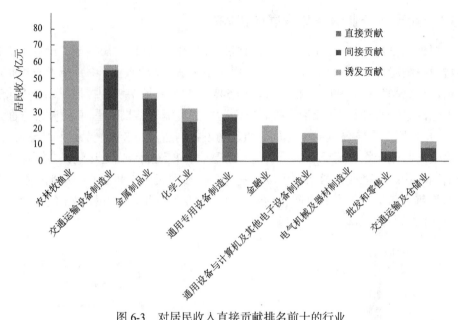

图 6-3　对居民收入直接贡献排名前十的行业

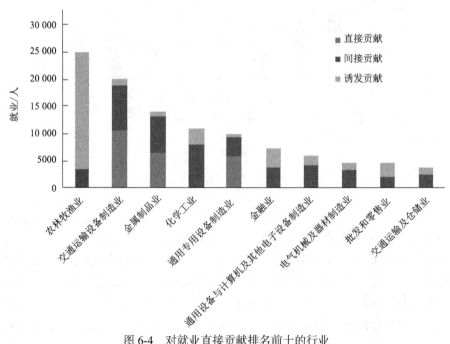

图 6-4　对就业直接贡献排名前十的行业

居民收入的贡献占总贡献的 **69.45%**。由图 6-3 可以看出，在居民收入总贡献排名前十的行业中，交通运输设备制造业、通用专用设备制造业和金属制品业等行业在各项指标或部分指标以直接贡献为主；化学工业、通信设备与计算机及其他电子设备制造业、电气机械及器材制造业和交通运输及仓储业等行业在各项指标或部分指标以间接贡献为主；而与居民生活相关的农林牧渔业、金融业与批发和零售业等行业在各项指标或部分指标以诱发贡献为主。

农林牧渔业对就业人数的贡献为 24 889 人；交通运输设备制造业对就业人数的贡献为 20 095 人；金属制品业对就业人数的贡献为 14 029 人。十大行业对就业人数的贡献占总贡献的 68.54%。由图 6-4 可以看出，在对就业总贡献排名前十的行业中，交通运输设备制造业、通用专用设备制造业和金属制品业等行业各项指标或部分指标以直接贡献为主；化学工业、通信设备与计算机及其他电子设备制造业、电气机械及器材制造业和交通运输及仓储业等行业各项指标或部分指标以间接贡献为主；而与居民生活相关的农林牧渔业、金融业与批发和零售业等行业各项指标或部分指标以诱发贡献为主。

第7章 《大气污染防治行动计划》实施投融资需求与影响

7.1 投融资需求

直接投资需求从一次性投资、运行成本与政府投资需求三部分来分析，一次性投资、运行成本为各改造项目在2013～2017年所需的总金额。政府投资是在总投资需求中为了鼓励企业或个人积极完成改造项目所需的资金投入。针对不同项目不同城市政府所指定的补贴政策也不尽相同。

表7-1 《大气污染防治行动计划》投融资需求

类别	项目			投资/亿元
优化能源结构	关停燃煤锅炉			324.00
	改造燃煤锅炉			2520.00
	小计			2844.00
移动源污染防治	新能源汽车[2]	天然气	汽车	2950.55
		汽车	加气站	93.62
		电力汽车	汽车	3258.06
			充电站	142.43
	淘汰黄标车[2]			2816.00
	油品升级[3]			4807.00
	小计			14 067.66
工业企业污染治理[1]	火电		脱硫	60.50
			脱硝	237.00
			除尘	77.27
	钢铁	烧结机	脱硫	54.01
			除尘	5.40
		球团	脱硫	1.28
	水泥		脱硝	35.48
			除尘	3.59

续表

类别	项目			投资/亿元
石油化工			脱硫	28.93
	油气回收	油库		25.49
		加油站		72.54
		油罐车		3.29
	其他颗粒物治理			16.63
	VOC 综合治理			294.04
	小计			915.44
面源污染治理	扬尘综合整治	施工工地		604.12
		道路		11.60
	小计			615.72
投资总计				18 442.82

注：1.工业企业污染治理投资数据来自南京、无锡、广州等多地企业实地调研，及《重点区域大气污染防治"十二五"规划》。

2．交通行业的投资系数多来自于长三角与珠三角的调研。

3．油品升级的费用是 2013～2017 年相比于 2012 年每年增加的成本总和。

　　从本书的投融资核算结果可以看出，移动源污染防治投融资需求最大，主要由于在未来一段时期需要大量推广新能源汽车，而这部分投资中政府补贴在淘汰黄标车的措施中扮演重要角色，新能源汽车推广则主要依靠政府使用相关政策工具和激励措施刺激消费者购买。要完成油品升级所需要的一次性投资预计近 5000 亿，这主要包括新设备技术的引入和建筑费用。

　　在优化能源结构的措施中，各地燃煤锅炉进行清洁能源改造所需投入相当大，而根据我们实地调研，大部分地区尚没有完善的补贴机制，或补贴金额相对改造费用要低很多。政府和环保主管部门一般采用命令控制手段强制要求企业关停或改造，而东部一些城市的补贴机制相对完善，单位蒸吨锅炉的补贴金额也较高，能够较好地缓解企业进行改造的经济压力。但由于缺少数据，本书并没有针对工业园区集中供热项目的投融资进行核算，而热电联产项目的投入费用也是相当可观的。

　　另外，面源污染治理我们仅核算了施工工地和道路扬尘治理 2 个措施，所需投入就已超过 600 亿元。目前东部城市已有扬尘排污收费的相关规定，如南京市于 2014 年 2 月提升了扬尘排污收费标准，从每月 0.24 元/平方米提升至 1 元/平方米。但仍然不能弥补治理扬尘污染的投入。

　　从结果可以发现，工业企业污染治理投入相对较少，这与企业日益提升的污染控制技术水平不无关系。可见面源污染治理，移动源污染防治已超过点源污染治理，成为大气污染防治行动的重头戏。针对 $PM_{2.5}$ 重要产生源的燃煤小锅炉，在《大气污染防治行动计划》中也着重提出了针对性的措施，因而带来的锅炉行业变革也引发相关行业产业的巨额投入。

7.2　中国大气污染防治行动计划实施的健康效应评估

根据流行病学研究方法的暴露-反应关系，对中国《大气污染防治行动计划》实施后的健康效应进行定量化预测（表 7-2）。可见由呼吸系统疾病引起的死亡人数明显下降，2017 年，中国因实施大气污染防治行动计划而减少的慢性死亡人数为 11.06 万人，占人口总数的 0.15‰。其中，河北省因实施大气污染防治行动计划减少的死亡人数最多。

呼吸系统有关疾病的患病人数也因而下降，其中急性支气管炎尤为突出，2017 年中国由于大气污染防治行动计划的实施减少的急性支气管炎患病人数为 210.59 万人，占总人口数的 0.28%。

表 7-2　中国各省大气污染防治行动计划的健康效应评估

地区	死亡人口/万人				门诊/万人		患病人口/万人	
	急性	慢性	呼吸系统疾病	心血管疾病	儿科（0~14 岁）	内科（15 岁以上）	急性支气管炎	哮喘
中国	-2.017	-11.066	-2.083	-2.807	-60.114	-141.070	-210.591	-19.109
北京	-0.097	-0.719	-0.048	-0.076	-4.831	-11.356	-16.925	-1.113
天津	-0.072	-0.533	-0.032	-0.040	-2.519	-5.921	-8.825	-0.580
河北	-0.257	-1.899	-0.108	-0.135	-8.576	-20.160	-30.048	-1.976
山西	-0.036	-0.147	-0.008	-0.017	-0.976	-2.286	-3.418	-0.385
内蒙古	-0.022	-0.088	-0.005	-0.010	-0.617	-1.444	-2.160	-0.243
辽宁	-0.065	-0.264	-0.013	-0.027	-1.566	-3.667	-5.484	-0.843
吉林	-0.025	-0.102	-0.006	-0.013	-0.740	-1.733	-2.592	-0.292
黑龙江	-0.038	-0.153	-0.008	-0.017	-0.981	-2.299	-3.438	-0.388
上海	-0.059	-0.437	-0.298	-0.370	-2.359	-5.546	-8.265	-0.659
江苏	-0.218	-1.614	-0.843	-1.049	-6.682	-15.709	-23.414	-1.409
浙江	-0.101	-0.745	-0.490	-0.610	-3.886	-9.136	-13.617	-0.819
安徽	-0.072	-0.293	-0.015	-0.031	-1.848	-4.329	-6.474	-0.730
福建	-0.032	-0.131	-0.007	-0.015	-0.884	-2.070	-3.095	-0.349
江西	-0.046	-0.188	-0.010	-0.020	-1.186	-2.778	-4.154	-0.468
山东	-0.191	-0.773	-0.036	-0.073	-4.312	-10.099	-15.103	-1.703

续表

地区	死亡人口/万人				门诊/万人		患病人口/万人	
	急性	慢性	呼吸系统疾病	心血管疾病	儿科 （0~14 岁）	内科 （15 岁以上）	急性支 气管炎	哮喘
河南	-0.120	-0.486	-0.018	-0.048	-2.808	-6.576	-9.834	-0.778
湖北	-0.073	-0.295	-0.015	-0.032	-1.869	-4.378	-6.547	-0.738
湖南	-0.071	-0.289	-0.013	-0.027	-1.596	-3.739	-5.592	-0.630
广东	-0.067	-0.478	-0.037	-0.048	-3.020	-7.097	-10.580	-0.851
广西	-0.034	-0.139	-0.007	-0.015	-0.856	-2.006	-2.999	-0.338
海南	-0.004	-0.016	-0.001	-0.002	-0.105	-0.245	-0.366	-0.041
重庆	-0.051	-0.205	-0.010	-0.020	-1.159	-2.714	-4.059	-0.458
四川	-0.087	-0.353	-0.016	-0.034	-1.976	-4.628	-6.921	-1.447
贵州	-0.028	-0.114	-0.005	-0.011	-0.633	-1.482	-2.217	-0.250
云南	-0.034	-0.138	-0.007	-0.014	-0.832	-1.949	-2.915	-0.329
西藏	-0.001	-0.003	0.000	0.000	-0.025	-0.059	-0.089	-0.010
陕西	-0.041	-0.165	-0.008	-0.017	-1.024	-2.398	-3.586	-0.394
甘肃	-0.036	-0.144	-0.008	-0.016	-0.922	-2.159	-3.229	-0.364
青海	-0.007	-0.030	-0.002	-0.003	-0.192	-0.451	-0.674	-0.076
宁夏	-0.006	-0.023	-0.002	-0.004	-0.210	-0.491	-0.734	-0.083
新疆	-0.026	-0.107	-0.008	-0.016	-0.924	-2.165	-3.238	-0.365

损失寿命的分析结果显示,行动计划实施后,中国各省损失寿命年限均下降,即寿命有延长趋势（表 7-3）。综合看来,男性寿命延长年限 0.24~1.48 年,女性为 0.34~3.48 年。总体寿命延长最显著的将是京津冀地区,明显高于其他省市,特别是北京市,各项寿命延长年数均位居第一,这样的结果与北京市 $PM_{2.5}$ 浓度基数高、其相较其他地区更严格的减排要求有关。年龄不足 65 岁的人寿命变化量较老年人（年龄超过 65 岁）更为突出,其寿命增加范围分别是 0.37~3.77 年与0.2~1.19 年。

表 7-3　中国各省大气污染防治行动计划的避免损失寿命效应评估

地区	损失寿命 YLL/年			
	男性	女性	≤65 岁	>65 岁
北京	-1.48	-3.48	-3.77	-1.19
天津	-1.20	-2.83	-3.06	-0.97
河北	-1.32	-3.12	-3.37	-1.07
山西	-0.55	-0.79	-0.88	-0.47
内蒙古	-0.46	-0.65	-0.72	-0.39

地区	损失寿命 YLL/年			
	男性	女性	≤65 岁	>65 岁
辽宁	-0.59	-0.85	-0.94	-0.50
吉林	-0.54	-0.77	-0.85	-0.46
黑龙江	-0.48	-0.69	-0.77	-0.41
上海	-0.61	-1.43	-1.55	-0.49
江苏	-0.73	-1.72	-1.86	-0.59
浙江	-0.59	-1.39	-1.50	-0.48
安徽	-0.68	-0.98	-1.08	-0.58
福建	-0.41	-0.59	-0.66	-0.35
江西	-0.53	-0.76	-0.84	-0.45
山东	-0.89	-1.28	-1.41	-0.75
河南	-0.73	-1.04	-1.15	-0.61
湖北	-0.64	-0.91	-1.01	-0.54
湖南	-0.53	-0.76	-0.84	-0.45
广东	-0.35	-0.84	-0.90	-0.29
广西	-0.43	-0.61	-0.68	-0.36
海南	-0.24	-0.34	-0.37	-0.20
重庆	-0.73	-1.05	-1.16	-0.62
四川	-0.59	-0.84	-0.93	-0.50
贵州	-0.50	-0.72	-0.80	-0.43
云南	-0.46	-0.66	-0.73	-0.39
西藏	-0.34	-0.48	-0.54	-0.29
陕西	-0.57	-0.82	-0.91	-0.49
甘肃	-0.94	-1.35	-1.49	-0.80
青海	-0.73	-1.04	-1.15	-0.61
宁夏	-0.66	-0.94	-1.04	-0.56
新疆	-0.95	-1.36	-1.50	-0.80

7.3　中国大气污染防治行动计划投入的经济与社会影响

7.3.1　对 GDP 和就业的影响

　　根据以上测算结果可知，大气污染防治行动计划的顺利实施将使中国 GDP 增长 20 403.01 亿元（5 年合计，下同），增加就业岗位 2 911 324 个（5 年期，下同）。其中环保治理投资拉动 GDP 增长 28 165.58 亿元，增加就业岗位 3 803 122

个。淘汰落后产能将在一定程度上对经济增长起到负面作用，造成 GDP 减少 7762.57 亿元，减少就业岗位 891 798 个（表 7-4）。

表 7-4　大气污染行动计划实施对 GDP 和就业的影响

类别	GDP/亿元	就业岗位/个
投资拉动	28 165.58	3 803 122
淘汰落后产能	−7762.57	−891 798
行动计划合计	20 403.01	2 911 324

7.3.2　对产业结构优化调整的影响

中国高速增长的经济一直以来都是依靠巨额投融资进行推动，明显呈现高投入、高消耗、低质量、低效益的粗放型特征，造成严重的环境损失及资源浪费，因此针对大气污染治理，《大气污染防治行动计划》要求调整优化产业结构，推动产业转型升级，在淘汰落后产能的同时也严格控制"两高"行业的新增产能。在优化第二产业的基础上，加快环保产业等第三产业的发展，产业结构将从产量向质量、分散向集中、加工向创新型转变。

7.3.3　对重点行业绿色化发展的影响

根据中国《大气污染防治行动计划》投融资需求测算结果可知，本次行动计划将直接投资在交通运输设备制造业、通用专用设备制造业、金属制品业、建筑业、化学工业、电力热力的生产和供应业及综合技术服务业。投资比重分别为：50.21%、25.99%、13.03%、4.53%、3.34%、1.75%和 1.15%。按行业划分《大气污染防治行动计划》环保治理投入方面的贡献度测算结果来看，GDP、居民收入和就业指标所受影响最大的行业是交通设备制造业、通用专用设备制造业和农林牧渔业；金属冶炼及压延加工业、化学工业、金属制品业、批发和零售业、金融业、教育业和交通运输及仓储业等行业各项指标同样收益较大。

经核算，交通运输设备制造业对 GDP 的贡献为 3216.83 亿元；通用专用设备制造业对 GDP 的贡献为 2244.06 亿元；农林牧渔业对 GDP 的贡献为 2199.98 亿元。十大行业对 GDP 的贡献占总贡献的 63.58%。由图 7-1 可以看出，在对 GDP 总贡献排名前十的行业中，交通运输设备制造业和通用专用设备制造业等行业各项指标或部分指标以直接贡献为主；化学工业、批发和零售业、电力热力的生产和供应业、金属冶炼及压延加工业、石油和天然气开采业与交通运输及仓储业等行业各项指标或部分指标以间接贡献为主；而与居民生活相关的农林牧渔业、金融业等行业各项指标或部分指标以诱发贡献为主。

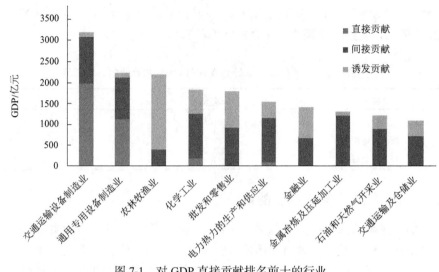

图 7-1　对 GDP 直接贡献排名前十的行业

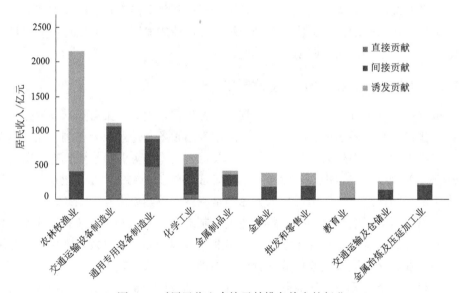

图 7-2　对居民收入直接贡献排名前十的行业

　　农林牧渔业对居民收入的贡献为 2185.28 亿元；交通运输设备制造业对居民收入的贡献为 1101.28 亿元；通用专用设备制造业对居民收入的贡献为 934.18 亿元。十大行业对居民收入的贡献占总贡献的 68.54%。由图 7-2 可以看出，在对居民收入总贡献排名前十的行业中，交通运输设备制造业、通用专用设备制造业和金属制品业等行业各项指标或部分指标以直接贡献为主；化学工业、批发和零售业、交通运输及仓储业和金属冶炼及压延加工业等行业各项指标或部分指标以间接贡献为主；而与居民生活相关的农林牧渔业、金融业和教育业等行业各项指标或部分指标以诱发贡献为主。

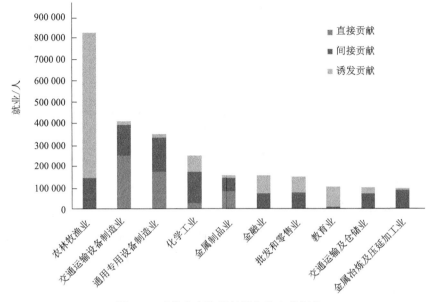

图 7-3　对就业直接贡献排名前十的行业

　　农林牧渔业对就业人数的贡献为 820 354 人；交通运输设备制造业对就业人数的贡献为 413 421 人；通用专用设备制造业对就业人数的贡献为 350 692 人。十大行业对就业人数的贡献占总贡献的 68.54%。由图 7-3 可以看出，在对就业总贡献排名前十的行业中，交通运输设备制造业、通用专用设备制造业和金属制品业等行业各项指标或部分指标以直接贡献为主；化学工业、批发和零售业、交通运输及仓储业和金属冶炼及压延加工业等行业各项指标或部分指标以间接贡献为主；而与居民生活相关的农林牧渔业、金融业和教育等行业各项指标或部分指标以诱发贡献为主。

　　总体来说，就业影响主要表现出以下 3 种效应。

　　1. 结构效应

　　《大气污染防治行动计划》实施要求限制钢铁、火电、水泥、重化工等行业落后生产力的发展，许多高耗能、高污染的中小企业逐步关停，使得对资本和能源高度依赖的一些劳动密集型产业转向高附加值和新技术产业、现代服务业为主体的产业结构。一方面，这会带来传统制造业就业岗位的缩减，造成一些低端人员的失业；另一方面，也带动高新技术产业及服务部门的就业。

　　2. 替代效应

　　《大气污染防治行动计划》实施过程中，能源效率高的新技术会替代落后技术，使得相关部门对劳动力投入的需求也同时发生变动。一方面，传统能源部门因为生产效率提高（如淘汰燃煤锅炉、大机组替代小机组），导致对就业岗位需求减少。另一方面，新能源技术使得能源部门产生新就业机会（如太阳能、天然气、生物质能等）。随着社会和企业关注，环保产业将成为一个"就业创造"的主要行业。

3. 收入效应

一些新能源产品的使用可能会降低企业生产成本，可以消费更多新能源产品，由于成本下降，会增加投资扩大生产，最终增加就业。同时由于社会生产力水平提高，增加人们收入水平，刺激对新产品和新服务需求，最终也会带动更多新增产业发展，提高就业水平。

7.3.4 对环保产业发展的影响

根据《计划》任务分解可知，《计划》将从"减少污染物排放"、"对机动车污染防治"和"能源结构调整"3个方面着手治理大气污染。

1. 脱硫脱硝行业率先启动

中国将在388个地级以上城市投入20多亿元用于$PM_{2.5}$监测设备上；电力行业实施低氮燃烧改造、安装烟气脱硝设施，共需投资约500亿元，新、老机组新建脱硫设施共需投资约500亿～600亿元，开展多污染物一体化控制技术工程、脱碳等示范工程，需投资约20亿元。新建机组推广使用高效的除尘器，需投资约200亿元；如果按老机组有2亿千瓦进行除尘改造，需投资约100亿元，合计总投资约300亿元。在1.84万亿元的投资拉动中，仅脱硫脱硝一项，新建项目投资需求将达到1350亿元。钢铁行业"十二五"期间新建约100套烧结烟气脱硫装置，形成SO_2减排能力35万吨/年，需投资约100亿元；"十二五"期间，水泥行业开展新型干法上SNCR示范工程，工业锅炉开展脱硝示范工程，投资约30亿元；"十二五"期间，工业锅炉、有色金属冶炼等行业的SO_2排放进行控制，需投资约100亿元，新增项目运行费用10亿元。在脱硫市场上，钢铁行业的减排空间约143万吨，至少有60%的钢铁烧结机需要加装脱硫设施。数据显示，中国6.8亿千瓦装机量的脱硫脱硝设备年运行费用约400亿元。这些投资对脱硫脱硝相关的设备及技术产生较大需求。

2. 机动车污染防治对环保行业影响深远

《大气污染防治行动计划》中指出，将从加强城市交通管理、提升燃油品质、加快淘汰黄标车、加强机动车环保管理、加快推进低速汽车升级换代和大力推广新能源汽车等6方面对机动车污染防治进行治理。加强城市交通管理和加快淘汰

黄标车。中国公交出行率仍然较低，实施公交优先战略，提高公共交通出行比例
有利于客车行业长期发展；黄标车淘汰有利于拉动未来 2 年客车销量增长，根据
环保部公布数据，2015 年底以前淘汰导致的大中客销量增加至约 35 万辆。有利
于新能源汽车产业发展。提升燃油品质推动排放标准升级。柴油车国Ⅳ标准实施
一再推迟主要的原因是油品不达标，2014 年底中国将供应国Ⅳ标准汽油，为升级
扫除障碍。《计划》指出要推进配套尿素加注站建设，2015 年底全面建成尿素加
注网络，确保柴油车 SCR 装置正常运转，有利于汽车尾气处理相关环保行业发展。
加速淘汰黄标车带动汽车拆解行业发展。未来几年内 500 万辆黄标车淘汰将推进
国内报废汽车拆解行业发展。

　　3. 能源结构调整有助于相关环保产业发展

　　大气污染的行业多集中在燃煤电厂、钢企等重工企业，加强治理这些行业对
于治理大气污染将有显著的成效。比如加快淘汰落后产能，对高耗能企业进行停
电等处理。《计划》中强调，要加强工业企业大气污染综合治理。比如全面整治燃
煤小锅炉：加快推进集中供热、"煤改气"、"煤改电"工程建设。"按照《部分工
业行业淘汰落后生产工艺装备和产品指导目录（2010 年本）》、《产业结构调整指
导目录（2011 年本）（修正）》的要求，采取经济、技术、法律和必要的行政手段，
提前 1 年完成钢铁、水泥、电解铝、平板玻璃等 21 个重点行业的"十二五"落后
产能淘汰任务。"京津冀、长三角、珠三角等区域于 2015 年底基本完成燃煤电厂、
燃煤锅炉和工业窑炉的污染治理设施建设与改造，完成石化企业有机废气综合治
理。如果经济与环境无法和谐发展，必然导致经济衰退。比如河北等一些地区污
染严重，由于当地"两高"行业比重高，产能过剩，《计划》会促进当地产业结构
调整，使当地经济走上可持续发展道路。节能环保产业的发展将转变由政策面给
予强力支持到市场经济竞争中。

　　中国环保市场还处于规模偏小，水平偏低的状态，因此该《计划》提出一系
列措施加强中国环保产业的发展，支持新业态、新模式，培育一批具有国际竞争
力的大型节能环保企业，同时鼓励外商投资节能环保产业，以此增加大气污染治
理装备、产品、服务产业产值，推动节能环保、新能源等战略性新兴产业发展。
由此看来，其为中国环保产业发展提供了良好契机。

7.3.5　对科技进步的影响

　　通过对行业影响分析，《大气污染防治行动计划》实施投融资主要对交通运输
设备制造业和通用专用设备制造业 2 大行业有直接贡献，而与此相关的新能源汽
车、城市轨道交通、锅炉改造、脱硫脱硝除尘设备改造等行业的技术革新将大幅
度增加。这也与《计划》中提出的相关要求措施互相对应。

1. 交通运输设备制造业

交通部门将是主要的新增能源消费部门，虽然中国交通节能技术已取得显著进步，但与国际先进水平仍有差距，有较大潜力可挖。《大气污染防治行动计划》明确要求大力推广新能源汽车，优化城市功能和布局规划，推广智能交通管理，实施公交优先战略。《大气污染防治行动计划》实施后，电力汽车、天然气汽车等绿色环保技术将会领先发展，同时信息技术与制造技术相融合，将计算机、软件技术等"嵌入"汽车等制造业的产品，实现产品信息化与数字化、提高其性能，使其具有"智能"技术，更好地管理、规划城市交通发展。

2. 通用专用设备制造业

《大气污染防治行动计划》中明确提出要对燃煤锅炉及重污染工业进行改造升级，"清洁化"将作为整个行业技术改造重点，工业燃煤锅炉的"煤改气"、"煤改电"等将从污染源头进行控制，而工业脱硫、脱硝、除尘改造将提升污染末端治理技术，降低工业废气排放量，以绿色技术发展促进经济增长"清洁化"。

第8章 《大气污染防治行动计划》投融资渠道分析

8.1 国家大气污染治理投融资政策实践进展评估

8.1.1 大气污染治理投融资政策进展

为推进经济结构战略性调整,加强薄弱环节建设,促进经济持续健康发展,中国公共服务、资源环境、生态建设、基础设施等重点领域进一步创新投融资机制,充分发挥社会资本特别是民间资本的积极作用。BOT、TOT 融资对中国环境基础设施建设起到了越来越重要的作用。在中国环境保护的起步阶段,污水处理、垃圾处置等市政公用事业主要是以政府投资建设和运营为主。环保债券政策还未成为中国环保融资的主要方式。环保债券主要包括地方政府债券和企业环保债券。由于中国预算法规定地方政府不得发行债务,所以目前还没有建立起地方政府债券制度。随着雾霾天气在中国范围大面积出现,2013 年国务院出台第 37 号文件《大气污染防治行动计划》(又称"国十条")明确了大气颗粒物污染控制的目标,提出针对中国范围的污染治理措施。随后,国家又相继出台了投融资的相关政策(表 8-1)。

表 8-1 中国大气污染治理投融资政策最新进展

政策名称	颁布部门	颁布时间	涉及融资的主要内容
《国务院关于化解产能严重过剩矛盾的指导意见》	国务院	2013 年 10 月 18 日	中央财政利用淘汰落后产能奖励资金等现有资金渠道,适当扩大资金规模,支持产能严重过剩行业压缩过剩产能 中央财政加大对产能严重过剩行业实施结构调整和产业升级的支持力度,各地财政结合实际安排专项资金予以支持
《国务院办公厅关于多措并举着力缓解企业融资成本高问题的指导意见》	国务院办公厅	2014 年 8 月 14 日	提高贷款审批和发放效率。优化商业银行对小微企业贷款的管理,通过提前进行续贷审批、设立循环贷款、实行年度审核制度等措施减少企业高息"过桥"融资。鼓励商业银行开展基于风险评估的续贷业务,对达到标准的企业直接进行滚动融资,优化审贷程序,缩短审贷时间。 大力发展直接融资。支持中小微企业依托中国中小企业股份转让系统开展融资。进一步促进私募股权和创投基金发展。继续扩大中小企业各类非金融企业债务融资工具及集合债、私募债发行规模。 大力发展相关保险产品,支持小微企业、个体工商户、城乡居民等主体获得短期小额贷款。

续表

政策名称	颁布部门	颁布时间	涉及融资的主要内容
《国务院关于创新重点领域投融资机制鼓励社会投资的指导意见》	国务院	2014 年 11 月 26 日	加快推进铁路投融资体制改革。用好铁路发展基金平台，吸引社会资本参与，扩大基金规模。充分利用铁路土地综合开发政策，以开发收益支持铁路发展。 完善公路投融资模式。建立完善政府主导、分级负责、多元筹资的公路投融资模式，完善收费公路政策，吸引社会资本投入，多渠道筹措建设和维护资金。逐步建立高速公路与普通公路统筹发展机制，促进普通公路持续健康发展。 鼓励社会资本参与电力建设。在做好生态环境保护、移民安置和确保工程安全的前提下，通过业主招标等方式，鼓励社会资本投资常规水电站和抽水蓄能电站。在确保具备核电控股资质主体承担核安全责任的前提下，引入社会资本参与核电项目投资，鼓励民间资本进入核电设备研制和核电服务领域。鼓励社会资本投资建设风光电、生物质能等清洁能源项目和背压式热电联产机组，进入清洁高效煤电项目建设、燃煤电厂节能减排升级改造领域。 建立健全政府和社会资本合作（PPP）机制。推广政府和社会资本合作（PPP）模式。认真总结经验，加强政策引导，在公共服务、资源环境、生态保护、基础设施等领域，积极推广 PPP 模式，规范选择项目合作伙伴，引入社会资本，增强公共产品供应能力。探索创新信贷服务。支持开展排污权、收费权、集体林权、特许经营权、购买服务协议预期收益、集体土地承包经营权质押贷款等担保创新类贷款业务。探索利用工程供水、供热、发电、污水垃圾处理等预期收益质押贷款，允许利用相关收益作为还款来源。鼓励金融机构对民间资本举办的社会事业提供融资支持。 支持重点领域建设项目开展股权和债权融资。大力发展债权投资计划、股权投资计划、资产支持计划等融资工具，延长投资期限，引导社保资金、保险资金等用于收益稳定、回收期长的基础设施和基础产业项目。支持重点领域建设项目采用企业债券、项目收益债券、公司债券、中期票据等方式通过债券市场筹措投资资金
《国家发展和改革委国家开发银行关于推进开发性金融支持政府和社会资本合作有关工作的通知》	国家发展和改革委、国家开发银行	2015 年 3 月 10 日	开发银行认真贯彻国发〔2014〕60 号文件关于"探索创新信贷服务"的要求，不断创新和完善 PPP 项目贷款风险管理体系，通过排污权、收费权、特许经营权、购买服务协议项下权益质押等方式，建立灵活有效的信用结构，切实防范贷款风险
《国务院办公厅转发财政部发展改革委人民银行关于在公共服务领域推广政府和社会资本合作模式的指导意见》	国务院办公厅	2015 年 5 月 19 日	广泛采用政府和社会资本合作模式提供公共服务。在能源、交通运输、水利、环境保护、农业、林业、科技、保障性安居工程、医疗、卫生、养老、教育、文化等公共服务领域，鼓励采用政府和社会资本合作模式，吸引社会资本参与。其中，在能源、交通运输、水利、环境保护、市政工程等特定领域需要实施特许经营的，按《基础设施和公用事业特许经营管理办法》执行

续表

政策名称	颁布部门	颁布时间	涉及融资的主要内容
《国家发展和改革委关于开展政府和社会资本合作的指导意见》	国家发展和改革委	2014 年 12 月 2 日	完善投资回报机制。深化价格管理体制改革，对于涉及中央定价的 PPP 项目，可适当向地方下放价格管理权限。依法依规为准经营性、非经营性项目配置土地、物业、广告等经营资源，为稳定投资回报、吸引社会投资创造条件。加强政府投资引导。优化政府投资方向，通过投资补助、基金注资、担保补贴、贷款贴息等多种方式，优先支持引入社会资本的项目。合理分配政府投资资金，优先保障配套投入，确保 PPP 项目如期、高效投产运营
《关于创新重点领域投融资机制鼓励社会投资的指导意见》（国发[2014]60 号文）	国务院	2014 年 11 月 26 日	推动环境污染治理市场化。在电力、钢铁等重点行业以及开发区（工业园区）污染治理等领域，大力推行环境污染第三方治理，通过委托治理服务、托管运营服务等方式，由排污企业付费购买专业环境服务公司的治污减排服务，提高污染治理的产业化、专业化程度。稳妥推进政府向社会购买环境监测服务。建立重点行业第三方治污企业推荐制度。积极开展排污权、碳排放权交易试点。推进排污权有偿使用和交易试点，建立排污权有偿使用制度，规范排污权交易市场，鼓励社会资本参与污染减排和排污权交易。加快调整主要污染物排污费征收标准，实行差别化排污收费政策。加快在国内试行碳排放权交易制度，探索森林碳汇交易，发展碳排放权交易市场，鼓励和支持社会投资者参与碳配额交易，通过金融市场发现价格的功能，调整不同经济主体利益，有效促进环保和节能减排
《关于推进环境污染第三方治理的意见》	国务院办公厅	2015 年 1 月 14 日	对于第三方治理的政策引导和支持，政策中规定的也较为具体，对于第三方治理项目的投资，中央和有条件的地区均会给予运营补贴，同时创新金融服务模式和发展环保市场，逐渐引导社会资本进入，并对符合条件的第三方治理企业上市融资、发行企业债券等业务实行优先审批

8.1.2 中国大气污染治理投融资实践

在相关投融资政策指导下，中国为了实现大气污染防治行动计划的目标进行了诸多投融资方面的实践探索，诸如大气减排专项资金、排污收费、生态补偿、排污权有偿使用与交易、补贴等均是大气污染治理的主要资金来源渠道。中国主要相关方面是工业企业污染防治和移动源污染防治，投融资措施中仍然以投资政策为主，以财政资金的拨付和奖励为主要的投资形式；而资金的筹集方面，政府融资措施仍然以排污费征收为主，不过对不同地区开展了不同气价、电价探索。

（1）大气减排专项资金。2013 年在整合各项大气污染治理资金基础上，形成专项大气污染防治资金。2014 年大气污染防治专项资金规模为 100 亿元，其中 80 亿元主要用于支持京津冀、长三角、珠三角地区开展大气污染防治，其中京津冀是重点。从 2003 年起，排污费实行"收支两条线"改革，设立了中央环境保护专项资金，截至 2009 年 5 月，中央环境保护专项资金共安排 47.36 亿元，带动资金数百亿元，在解决突出环境污染问题，保障区域环境安全和人民身体健康，改善人民生活环境，提高环保系统监管能力等方面都发挥了重要作用。同时，也引导和调动地方政府、企业治理环境污染的积极性，推动全社会的污染减排工作。2007年中央财政设立了主要污染物减排专项资金，主要用于支持主要污染物减排的监测、指标和考核体系建设。目前已分两批下达预算13.3亿元，第一批项目预算7.4亿元，主要支持国控重点污染源自动监控能力建设；第二批项目预算5.9亿元，主要支持中国环境监察执法标准化建设，目前主要污染物减排专项资金已经取消（表8-2）。

表8-2　中国大气污染减排有关中央财政专项资金

专项资金名称	设立时间	备注
大气污染物减排专项资金	2013 年	
中央农村环境保护专项资金	2008 年	
中央环境保护专项资金	2003 年	
主要污染物减排专项资金	2007 年	已取消

专栏 8.1　浙江：2015 年大气污染防治专项投入将达 4.5 亿元

2015 年，浙江省财政将大气污染防治专项投入资金规模增加到 4.5 亿元。2014 年，浙江省大气污染防治专项资金为 1.5 亿元。

浙江省财政厅相关负责人介绍，这批专项资金包括，整合现有用于大气污染防治的省级环境保护专项资金 5000 万元，继续用于省属企业脱硫、脱硝的技术改造和设备补助；此外安排资金 4 亿元，主要用于对各市政府淘汰黄标车和燃煤（油）小锅炉淘汰改造进行"以奖代补"，同时兼顾挥发性工业有机废气治理。并计划带动各级财政投入 65.86 亿元，推进各地加快实施大气污染防治行动计划，确保大气污染防治工作顺利推进。

浙江省财政部门在安排大气污染防治专项资金时，将不再安排到各地的具体项目，而是通过设定一定的分配因素，测算后将资金切块下达各市县财政部门，由各地根据当地的实际情况及年度重点工作，在资金使用范围内自主确定资金投向，充分调动地方政府的积极性。

（2）排污收费政策。2014 年 9 月 1 日，国家发展和改革委《关于调整排污费征收标准等有关问题的通知》中提到"2015 年 6 月底前，各省（区、市）要将废气中的 SO_2 和 NO_x 排污费征收标准调整至不低于每污染当量 1.2 元。"现行排污收费制度从 2003 年开始建立至 2014 年，实施 11 年之久。其中，废气类污染物排污费征收标准分别为每污染当量 0.6 元。此次调整后，这 2 项标准将都翻了一番。与此同时，国家鼓励污染重点防治区域及经济发达地区，制定高于上述标准的征收标准。各地要建立差别排污收费机制，对超排放限值或超总量指标排放污染物的，及列入淘汰类目录的企业，实行较高征收标准；对治污效果较好企业实行较低的征收标准。从排污费的内部构成看，废气排污费在排污费中占绝大部分比重，且排污费总量增收主要来自废气排污费收入的增长。废气收费在排污费收入中占较大比重，且呈现逐年增加趋势；污水和废气排污费征收额占排污费征收额的比重很大。2010 年，废水和废气排污费所占比重为 90.2%。2014 年各类主要污染物的排放量基本没有变化，由于现行排污费计征采用的是前 3 位主要污染物的污染当量加和的计征方式，排污费额构成仍呈这一特征趋势。2011 年中国排污费征收总规模已经超过 200 亿元，2012 年达到 205.3 亿元，2013 年达到 216.05 亿元，较 2012 年增幅为 5.2%。2013 年排污费收入是 2002 年的 67.4 亿元的 3.2 倍。但是，与《大气污染防治行动计划》的投融资需求相比，排污收费的资金量显得杯水车薪，应该继续提高废气排污费收费标准。

专栏 8.2　天津浙江等地调整排污收费，深入发挥在控污减排中的效用

提高收费标准、实行差别化收费也是地方排污费改革的方向。2014 年 3 月 6 日，浙江省物价局、省财政厅和省环保厅发布《关于调整排污费征收标准的通知》中提出：大气污染物中除五类重金属因子外的各因子排污费征收标准由每污染当量 0.6 元调整为 1.2 元；大气污染物中五类重金属因子的排污费征收标准分别由每污染当量 0.6 元调整为 1.8 元。

2014 年 6 月 19 日，天津市环保局关于印发《二氧化硫等 4 种污染物排污费征收标准调整及差别化收费实施细则（试行）的通知》提出：从当年 7 月 1 日起，天津市二氧化硫排污费由每公斤 1.26 元调整至 6.3 元、氮氧化物由每公斤 0.63 元调整至 8.5 元、化学需氧量由每公斤 0.7 元调整至 7.5 元、氨氮由每公斤 0.875 元调整至 9.5 元。为鼓励排污者降低污染物排放总量和浓度，惩罚超标准排放，增加排污者治污减排积极性，对二氧化硫等 4 种污染物实行差别化排污收费政策：污染物排放浓度超过规定排放标准的，该项污染物排污费按收费标准加 1 倍计收排污费。排污者 4 种污染物排放超过规定排放标准的，该污染物当月不得享受低于排污费征收标准的差别化收费。排污者不正常使用自动监控设施或自动监控数据弄虚作假的，当季度不得享受低于排污费征收标准的差别化收费，并按收费标准收费。

（3）补贴政策。一是环保综合电价补贴政策。中国全面实施燃煤电厂脱硫、脱硝和除尘电价政策，重视强化环保电价执行监管。环保电价政策在中国开始全面实施。2006 年起，为鼓励燃煤电厂安装和运行脱硫、脱硝、除尘等环保设施，国家发展和改革委先后出台脱硫电价、脱硝电价和除尘电价等一系列环保电价政策。目前脱硫电价加价标准为每千瓦时 1.5 分，脱硝电价为 1 分，除尘电价为 0.2 分。环保电价对调动燃煤电厂安装环保设施积极性，减少大气污染物排放发挥重要作用。截至 2014 年 3 月，中国脱硫机组装机达 7.5 亿千瓦，脱硝机组和采用新除尘技术机组的装机容量已分别达到 4.3 亿千瓦和 8700 万千瓦。但是从实际执行来看，包括火电脱硝脱硫政策在内的各项补贴政策全面实施过程中，仍存在补贴标准较低、激励水平不足等问题，脱硝电价仍无法满足火电厂脱硝改造成本，另外由于热电联产机组的上网电量通常较少，意味着电厂得到的脱硫脱硝电价补贴相当有限。二是新能源汽车补贴政策持续推进。国家继续推进新能源汽车购置、充电设施建设等激励政策。2014 年 8 月 1 日，财政部、国家税务总局、工业和信息化部下发《关于免征新能源汽车车辆购置税的公告》，2014 年 9 月 1 日～2017 年 12 月 31 日，对购置的新能源汽车免征车辆购置税。2014 年 11 月 18 日，财政部、科技部、工业和信息化部、国家发展和改革委四部门联合下发《关于新能源汽车充电设施建设奖励的通知》，中央财政拟安排资金对新能源汽车推广城市或城市群给予充电设施建设奖励，重点集中在京津冀、长三角和珠三角地区。推广数量以纯电动乘用车为标准进行计算，年奖励额度 1000 万～1.2 亿元。新能源汽车购置补贴政策"加码"执行。2014 年 2 月 8 日，国家发展和改革委等单位联合发布《关于进一步做好新能源汽车推广应用工作的通知》，原先新能源补贴 2014 年和 2015 年补助标准相比 2013 年降低 10%和 20%，此次国家补贴金额逐年缩减幅度降低，调整为 2014 年和 2015 年相比 2013 年分别降低 5%和 10%，以鼓励消费者购买新能源汽车（表 8-3～表 8-4）。

表 8-3　新能源汽车补贴方案

车辆类型	纯电续驶里程 R（工况）			
	80 千米≤R<150 千米	150 千米≤R<250 千米	R≥250 千米	R≥50 千米
纯电动乘用车（2013 年）	3.50 万元/辆	5.00 万元/辆	6.00 万元/辆	—
纯电动乘用车（2014 年）	3.325 万元/辆	4.75 万元/辆	5.70 万元/辆	—
包括增程式在内的插电式混合动力乘用车（2013 年）	—	—	—	3.50 万元/辆
包括增程式在内的插电式混合动力乘用车（2014 年）	—	—	—	3.325 万元/辆

表 8-4　燃料电池车推广应用补助标准

燃料电池乘用车（2013 年）	20.00 万元/辆
燃料电池乘用车（2014 年）	19.00 万元/辆

（4）空气质量生态补偿政策。2014 年 2 月，山东省人民政府办公厅关于印发山东省环境空气质量生态补偿暂行办法的通知，规定按照"将生态环境质量逐年改善作为区域发展的约束性要求"和"谁保护、谁受益；谁污染、谁付费"的原则，以各地区的细颗粒物（$PM_{2.5}$）、可吸入颗粒物（PM_{10}）、二氧化硫（SO_2）、二氧化氮（NO_2）季度平均浓度同比变化情况为考核指标，建立考核奖惩和生态补偿机制；$PM_{2.5}$、PM_{10}、SO_2 和 NO_2 4 类污染物考核权重分别为 60%、15%、15% 和 10%。省对各地区实行季度考核，每季度根据考核结果下达补偿资金额度。各设区的市获得的补偿资金，统筹用于行政区域内改善大气环境质量的项目。2014 年，山东已发放生态补偿资金 2.1 亿元。

（5）污染物有偿使用与交易。2014 年 8 月 25 日，《国务院办公厅关于进一步推进排污权有偿使用和交易试点工作的指导意见》发布，进一步明确了推进试点工作，以促进主要污染物排放总量持续有效减少为目的，确认了实施污染物排放总量控制为开展排污权交易试点的前提；《意见》规定试点地区于 2015 年底前全面完成现有排污单位排污权的初次核定，以后原则上每 5 年核定一次；排污权有偿取得，试点地区实行排污权有偿使用制度，排污单位在缴纳使用费后获得排污权，或通过交易获得排污权；规范排污权出让方式，试点地区可以采取定额出让、公开拍卖方式出让排污权。并对排污权出让收入管理、交易行为、交易范围、交易市场和交易管理做出规定。不少试点地区排污权交易量稳步增加。陕西省自 2010 年 6 月开展排污权交易以来，累计成交 49 宗，总成交金额 5.9 亿元；山西省截至 2014 年末，累计交易 930 宗，总成交金额 5.59 亿元；江苏省累计缴纳排污权有偿使用费 5.51 亿元、排污权交易成交 2.24 亿元；内蒙古自治区实现总成交金额 8455 万元；河北省累计交易 1563 宗，总成交金额 1.69 亿元；湖北省 2013 年以来累计交易 6 批次，总成交金额 1546.8 万元；河南省累计交易 1614 宗，成交总金额 1.4 亿元；湖南省累计交易 471 宗，总成交金额 7252.3 万元；浙江省排污权有偿使用累计交易 12 310 宗、总成交金额 18.23 亿元，排污权交易累计 4366 宗，总交易金额 8.52 亿元。

专栏 8.3　排污权抵押融资模式

模式概述：排污企业以自身已购买的排污权作为抵押向兴业银行申请融资，或排污企业向兴业银行申请融资专项用于购买排污权并以该排污权作抵押。兴业银行在审核企业综合实力和排污权价值后，设计融资方案，提供融资服务。该模式有助于排污权有偿使用及交易制度的推广，促进节能减排。

嘉兴市是中国排污权有偿使用和排污权交易的试点城市。作为该市的试点区域之一，嘉兴市秀洲区于 2010 年正式启动了排污权有偿使用和交易试点。作为秀洲区某企业在践行排污权有偿使用中，面临资金短缺问题。

兴业银行针对当地排污权交易制度，为企业设计了排污权抵押贷款金融服务方案，并以此向企业发放了排污权抵押贷款，担保方式采用以该企业每年 30.91 吨化学需氧量的污染物初始排放权作抵押，缓解了该企业因购买排污权而出现流动资金短缺的问题。

（6）绿色信贷政策。中国绿色信贷是在政策的引导下发展起来的。2007 年首个绿色信贷政策颁发，绿色信贷逐渐成为中国金融机构经营中主要的战略组成部分及监管政策的着力点之一。中国人民银行下发的 2014 年信贷政策工作意见中，进一步提出要继续坚持加强信贷政策与产业政策的协调配合，大力发展绿色信贷。环保部启动"银政投"绿色信贷行动计划试点解决企业环保融资难问题。2014 年 6 月 26 日，环境保护部在北京启动"银政投"绿色信贷计划。"银政投"绿色信贷计划是环境保护部推进生态文明体制改革成果之一，该计划将率先在海南省、山东省等地进行试点，海南省"银政投"绿色信贷计划总规模 20 亿元，山东省总规模 100 亿元。在国家开发银行支持下，环境保护部对外合作中心与海南省金融办、海口市人民政府、中国银行业协会、泰山保险公司、信达财富投资公司、中国人寿财产保险公司签署合作协议，标志着"银政投"绿色信贷计划进入试点实施阶段。"银政投"绿色信贷计划致力于探索政府-银行-企业三方通畅的融资方案，可衍生、可复制、可推广，为大气污染防治、水污染防治、土壤污染防治提供重要融资渠道。

8.2　长三角大气污染治理投融资政策与实践进展

8.2.1　长三角大气污染治理投融资政策进展

2012 年 10 月，环保部、发改委、财政部联合出台了《重点区域大气污染防治"十二五"规划》，明确提出了包括长三角在内的重点区域的重点污染防治工程清单，涉及能源结构调整，工业部门 SO_2、NO_x、烟粉尘、挥发性有机物治理，机动车污染防治，扬尘控制等措施，估算了中国重点工程项目的投资成本与效益，提出可行的融资渠道。随着雾霾天气在中国范围大面积出现，2013 年国务院出台第 37 号文件《大气污染防治行动计划》（又称"国十条"）明确了大气颗粒物污染控制的目标，提出针对中国范围的污染治理措施。长三角各省、直辖市也迅速响应"国十条"要求，相继出台"省十条"部署各省污染防治工作。各省行动方案指明了污染防治的投资重点：能源结构调整，工业行业污染治理设备的更新改造，交通部门清洁能源汽车推广、老旧车辆报废以及油品升级，面源扬尘污染防治等措施。各省也提供了拓宽大气污染防治融资渠道的政策上的支撑。相关投融资政策的内容如表 8-5。

表 8-5 长三角大气污染治理投融资政策进展

地区	政策名称	颁布部门	颁布时间	涉及投资的主要内容	涉及融资的主要内容
中国重点区域	《重点区域大气污染防治"十二五"规划》	环境保护部、国家发展和改革委、财政部	2012 年 10 月	重点项目投资需求约 3500 亿元，其中 SO_2 治理项目投资需求约 730 亿元，NO_x 治理约 530 亿元，工业烟粉尘治理约 470 亿元，工业挥发性有机物治理约 400 元，油气回收项目约 215 亿元，黄标车淘汰项目约 940 亿元，扬尘综合整治项目约 100 亿元，能力建设项目约 115 亿元	污染治理资金以企业自筹为主，政府投入资金优先支持列入规划的污染治理项目 中央财政加大大气污染防治资金投入，重点用于工业污染治理、交通污染治理、面源污染治理，以及区域大气污染防治能力建设，采取"以奖代补"、"以奖促防"、"以奖促治"等方式，加快地方各级政府与企业大气污染防治的进程 地方人民政府根据规划确定的大气污染控制任务，将治污经费列入财政预算，加大资金投入力度
上海	《上海市清洁空气行动计划（2013-2017）》	上海市人民政府	2013 年 11 月	优化能源结构，燃煤污染防治： 1. 2015 年，完成 2500 余台燃煤（重油）等高污染燃料锅炉和 300 余台窑炉的清洁能源替代和调整关停；到 2017 年，完成热电联产机组和集中供热锅炉等燃煤设施的清洁能源改造，取消分散燃煤 2. 2014 年 6 月底前，完成全市燃煤机组高效除尘改造；2014 年底前，完成剩余 8 家发电企业以及宝钢股份，高桥石化，上海石化共 28 台煤机除尘工程；2015 年底前，全面完成保留燃煤设施的脱硫、脱硝、除尘设施建设和升级改造	优化价格政策。坚持"谁污染、谁负责，多排放、多负担"的原则。科学分类、合理调整水、电、气等资源类产品的终端价格。落实"领跑者"制度，对能效、排污强度达到更高标准的先进企业给予鼓励和表彰，对能耗高、排污强度大的企业实施差别化的惩罚性电价、气价和水价。明确车辆简易工况法检测收费标准。按照国家要求，适时提高排污收费标准，将挥发性有机物等纳入排污费征收范围

续表

地区	政策名称	颁布部门	颁布时间	涉及投资的主要内容	涉及融资的主要内容
上海	《上海市清洁空气行动计划（2013-2017）》	上海市人民政府	2013年11月	加强工业污染防治 油气回收治理：2014年底前完成加油站、储油库、油罐车油气回收治理；2017年底前完成原油和成品油码头油气回收 发展绿色交通 1.推广新能源汽车，到2015年，累计推广2万辆；2017年，新增或更新的公交车中新能源和清洁燃料车比例达到60%以上；到2017年完成集装箱运输车辆清洁能源改造400辆以上，建成500个充电桩 2.2013年底前，轻型汽油车和公交、环卫、邮政的重型柴油车实施国Ⅴ排放标准，全市供应国Ⅴ汽柴油；2015年实施柴油车和重型汽油车新车国Ⅴ标准 3）2015年完成剩余18万辆黄标车淘汰任务 4.2017年底前推广港口液化天然气内集卡400辆	落实绿色发展配套政策。完善政府绿色采购，重点支持使用新能源汽车、水性涂料等环境友好型产品。加快环境污染责任保险试点及推广，重点关注有毒有害废气排放企业和高风险企业。落实绿色信贷和绿色证券，对环境违法企业严格限制企业贷款和上市融资。推进合同能源管理，加快推动环境服务市场化和专业化
	《上海市环境保护和生态建设"十二五"规划》	上海市人民政府	2012年3月15日	1."十二五"重点工程项目的投资总额约为1700亿元 2.预期环保投入相当于全市生产总值的3%左右	重大工程项目建设资金来源主要由市财政、区财政、企业自筹、银行贷款以及社会投入等组成 增加政府财政投入，完善环境经济体系。完善环境保护投入机制和多元化投融资机制。推行有利于环境保护的经济政策，延续或制订超量减排、燃煤锅炉清洁能源替代、污水纳管、污泥处理、挥发性有机物减排、工业结构和布局调整、循环经济等补贴或激励政策 加快资源环境价格改革，提高氮氧化物等主要污染物排污费，推行机动车检测/维护（I/M）收费 深化排污许可证制度，探索排污权有偿使用和转让机制 完善生态补偿制度，健全水源保护和其他敏感生态区域保护的财政补贴和转移支付机制 积极探索利用环境税、绿色信贷、绿色证券和绿色保险等经济手段

续表

地区	政策名称	颁布部门	颁布时间	涉及投资的主要内容	涉及融资的主要内容
江苏	《江苏省大气污染防治行动计划实施方案》	江苏省人民政府	2014年1月6日	强化工业污染治理 重点行业: 2014年6月底前,完成燃煤电厂脱硫和除尘设施提标改造,除循环硫化床锅炉以外的燃煤机组均应安装脱硝设施;2014年年底前所有钢铁企业烧结机和球团生产设备全部安装脱硫设施,完成钢铁工业各工序除尘设施提标改造;2015年年底前,石油炼制企业的催化裂化装置全部配套建设烟气脱硫设施,硫黄回收率达到99%以上;有色金属冶炼行业完成生产工艺设备更新改造和治理设施改造,SO_2含量大于3.5%的烟气采取制酸或其他方式回收处理,低浓度烟气和排放超标的制酸尾气进行脱硫处理;现役新型干法水泥生产线全部实施低氮燃烧,其中,熟料生产规模在4000吨/日以上的全部实施脱硝改造,综合脱硝效率不低于60%。2017年底前,所有干法水泥生产线完成脱硝改造。电子玻璃工业、陶瓷工业大气污染治理按要求完成指标改造 挥发性有机物污染治理: 2017年底前,石化、化工等行业全面推广"泄漏检测与修复"技术 工业园区生态化循环化改造: 2015年70%的国家级园区和50%以上的升级园区实施循环化改造;到2017年,80%的省级以上开发区达到生态工业园标准 能源结构调整: 2014年6月底前,淘汰供热管网范围内的燃煤锅炉。供热管网、天然气管网覆盖范围内的燃煤锅炉,实施天然气改造工程。供热管网、天然气管网覆盖范围以外的10蒸吨/时及以下燃煤锅炉,采用生物质成型燃料、电等替代燃煤,10蒸吨/时以上的燃煤锅炉鼓励使用生物质成型燃料替代燃煤,或实施脱硫和除尘提标改造,确保达标排放 发展绿色交通: 1. 2015年年底前,淘汰2000年12月31日前注册登记的微型、轻型客车和中型、重型汽油车,淘汰2005年年底前注册营运的黄标车,以及2007年12月31日前注册登记的中型、重型柴油车	建立多元化投入机制。拓宽投入渠道,建立"政府引导、市场运作、社会参与"的多元化投入机制,鼓励民间资本和社会资本进入大气污染防治领域,引导金融机构加大对大气污染防治项目的信贷支持。探索排污权抵押融资模式,拓展节能环保设施融资、租赁业务。各市、县(市)人民政府要对涉及民生的"煤改气"项目、黄标车和老旧车辆淘汰、轻型载货车替代低速货车、重污染企业关闭和搬迁改造、农作物秸秆综合利用、燃煤锅炉整治、重点行业污染治理指标改造、挥发性有机物治理、大气污染防治基础研究和能力建设等加大政策、资金支持力度,对重点行业清洁生产示范工程给予引导性资金支持,将空气质量监测站点建设运行、执法监督等经费纳入各级财政预算予以保障 各级公共财政每年用于环境保护和生态建设支出的增幅应高于经济增长速度、高于财政支出增长幅度。逐步加大省级财政对大气污染防治的支持力度。省基本建设投资也要加大对大气污染防治的支持力度 深化资源环境价格改革。逐步完善天然气发电上网和居民阶梯电价政策,2016年底前,制定和实施居民阶梯气价政策。在省行业主管部门对水、电等资源类产品制定企业消耗定额基础上,建立企业"领跑者"制度,对能效、排污强度达到更高标准的先进企业给予鼓励。对能耗超过国家和地区规定限额标准的行业及企业,加大差别化电价和惩罚性电价实施力度。利用价格杠杆鼓励燃煤发电企业进行脱硝、除尘改造,落实电力行业除尘电价政策 深入开展排污收费改革。实行差别化排污收费政策,逐步扩大污染物排污费征收范围,适时开征工业粉尘排污费,2014年底前,修订完善《江苏省城市施工工地扬尘排污费征收管理试行办法》,2015年底前,研究制定挥发性有机物排污费征收管理办法

续表

地区	政策名称	颁布部门	颁布时间	涉及投资的主要内容	涉及融资的主要内容
江苏	《江苏省大气污染防治行动计划实施方案》	江苏省人民政府	2014年1月6日	2. 2015年,南京、常州、苏州、南通、盐城、扬州等城市共推广使用10 000辆以上新能源汽车 3. 2014年,苏北5个省辖市供应符合第四阶段标准的车用汽油。2014年年底前,全面供应符合第四阶段标准的车用柴油。2015年底前,全面供应符合第五阶段标准的车用汽、柴油 城市扬尘综合整治:到2017年,沿江8个省辖市城市建成区主要车行道机扫率超过90%,其他城市建成区主要车行道机扫率超过80%	
江苏	《江苏省"十二五"环境保护和生态建设规划》	江苏省人民政府	2012年4月17日	1. "十二五"期间,重点实施"减排工程、碧水工程、蓝天工程、城市环境综合整治工程、农村环保工程、生态保护与建设工程以及环境监管能力建设工程"7大类工程项目,共计1976个项目,预计投资4126.2亿元	创新农村环保投融资政策,制定污染治理设施运行管理制度、监督制度、资金投入制度、宣传教育制度 加大各级财政对农村环保资金的投入力度,有效整合和利用各类农村环境整治专项资金,对符合条件的项目给予补助。各地因地制宜统筹解决环境整治污染治理设施运行维护经费,通过村级公益事业"一事一议"、村集体经济收入、县乡财政补助等方式,筹措河道管护、污水处理、垃圾收运、畜禽粪便处理等农村环境长效管理经费。鼓励社会力量以捐资捐建方式支持农村环境整治 各级人民政府要增加环境保护的财政支出,确保用于环境保护和生态建设支出的增幅高于经济增长速度。按照分级承担的原则,实行政府宏观调控和市场机制相结合,建立多元化、多渠道的环保投入机制,切实保证环保投入到位。工程投入以企业和地方政府投入为主,定期开展工程项目绩效评价,提高投资效益 1. 政府投资 政府财政资金主要用于公益性环境保护和环保系统能力建设等领域。重要生态功能保护区、自然保护区建设、生物多样性保护、重点流域区域环境综合整治、跨流域区域达标尾水通道建设、农村环境综合整治、核与辐射安全以及环境监管能力建设等主要以地方各级人民政府投入为主,省人民政府区别不同情况给予支持

续表

地区	政策名称	颁布部门	颁布时间	涉及投资的主要内容	涉及融资的主要内容
江苏	《江苏省"十二五"环境保护和生态建设规划》	江苏省人民政府	2012年4月17日		2. 社会投资 工业污染治理按照"污染者负责"原则，由企业负责。其中，现有污染源治理投资由企业利用自有资金或银行贷款解决。新扩建项目环保投资，要纳入建设项目投资计划。积极利用市场机制，吸引社会投资，形成多元化的投入格局。利用好环境保护引导资金，以补助或者贴息方式，吸引银行特别是政策性银行积极支持环境保护项目
浙江	《浙江省大气污染防治行动计划（2013-2017年）》	浙江省人民政府	2013年12月31日	调节能源结构： 2015年底前全省工业园区基本实现集中供热，2017年底前，全省工业园区全面实现集中供热；2015年底前，重点城市淘汰10蒸吨/时以下燃煤锅炉，其他地区淘汰6蒸吨/时以下燃煤锅炉，基本完成燃煤锅炉、窑炉、10万千瓦以下自备燃煤电站的天然气改造任务，在供热、供气管网不能覆盖的地区改用电或其他清洁能源 防治机动车污染： 1. 鼓励出租车每年更换高效尾气净化装置；2015年底前，全省全面淘汰黄标车 2. 2013年底前，供应国V标准的车用汽油；2014年底前，供应国IV标准的车用柴油；2015年底前供应国V标准汽柴油 3. 全省每年新增或更新的公共汽车中清洁能源汽车的比例达到30%以上，国家和省确定的大气污染防治重点城市达到50%以上，全省在用营运公交车每年完成清洁能源改造10%左右 治理工业污染： 1. 2014年底前基本完成热电企业脱硫工程建设，2015年底前所以钢铁企业的烧结机和球团生产设备，石油炼制企业的催化裂化装置，有色金属冶炼企业安装脱硫设施，全省所有燃煤锅炉和工业窑炉完成脱硫设施建设或改造。2015年底前，所有火电机组、水泥回转窑完成烟气脱硝治理或低氮燃烧技术改造设施的建设和投运	强化激励机制。创新有利于大气污染防治的财政、物价、信贷、用地等政策措施，实施二氧化硫、氮氧化物及烟粉尘减排电价，完善天然气价格政策，有效推进节能环保和清洁能源利用。各级财政要加大投入，对脱硫脱硝工程、火电清洁化改造、燃煤锅炉淘汰、煤改气、有机废气污染治理、黄标车淘汰、机动车油改气、"两高"行业企业退出等给予引导性资金支持

续表

地区	政策名称	颁布部门	颁布时间	涉及投资的主要内容	涉及融资的主要内容
浙江	《浙江省大气污染防治行动计划（2013-2017年)》	浙江省人民政府	2013年12月31日	2. 2015年底前，全省燃煤锅炉和工业窑炉基本完成除尘设施建设或改造 3. 2013年底前，完成印染行业定型机废气整治和加油站油气回收工作；2015年底前，完成方案确定的重点整治工程建设；2017年底前完成10个主要行业的VOCs整治 整治城市扬尘和烟尘 控制施工扬尘，道路扬尘，餐饮油烟	
浙江	《浙江省环境保护十二五规划》	浙江省人民政府	2011年9月26日	电力行业污染减排： 火电企业脱硫脱硝工程建设：125兆瓦以上燃煤机组脱硫效率超过90%，200兆瓦以上燃煤机组脱硝效率超过70%；35吨/时以上燃煤锅炉脱硫效率超过80% 非电力行业污染减排： 冶金、石化、建材等重点行业脱硫脱硝工程	加大资金投入。各级政府要把环境保护作为公共财政支出的重点，积极调整支出结构，加大对污染防治、生态保护和建设、农村环境保护、环保试点示范和环保监管能力建设的投入。严格预算执行管理，加强资金使用绩效评价和项目后续管理，切实提高财政资金使用效益。完善多元化的环保投融资机制，制订有利于环保投资的激励政策，引导鼓励社会资金以独资、合资、承包、租赁、拍卖、股份制、股份合作制、BOT等不同形式参与生态环保事业
浙江	浙江省人民政府新闻发布会	浙江省人民政府	2014年7月24日		2014年起，浙江省财政将每年安排大气污染防治专项资金1.5亿元，用于对省属企业脱硫、脱硝的技术改造和设备补助，对各市淘汰黄标车工作实施以奖代补 2014年中央下达的大气专项资金，一半以上用于黄标车淘汰，并按照各地黄标车数量按比例分配到各地 省财政专门设立专项资金（1亿元），根据各地黄标车任务完成情况实施以奖代补，鼓励各地推进黄标车淘汰工作

8.2.2 长三角大气污染治理投融资实践进展

1. 实践进展

大气污染防治行动计划实施方案，提出拓宽投融资渠道的要求，中央财政安排大气污染防治专项资金将重点放在京津冀周边地区大气污染治理，因而对长三角地区而言拓展融资渠道显得尤为必要。从长三角各省市出台的投融资政策来看，一些大气治理项目仍以政府投资为主，在实践进展中已有不少投入（表8-6）。

表 8-6 长三角大气污染治理投融资实践进展

地区	年份	涉及项目	投资金额/亿元
上海	2012~2015 年	环保三年行动计划大气专项共设置五大类 53 个项目，对燃煤电厂、工业源、机动车、扬尘面源等多种污染排放源都采取了相应控制措施	103
江苏	2013 年	油气回收治理项目	0.2
	2013~2014 年	秸秆综合利用	8.9
	2014 年	大气污染防治项目	1.5
浙江	2015 年	省属企业脱硫、脱硝的技术改造和设备补助	0.5
		对各市政府淘汰黄标车和燃煤（油）小锅炉淘汰改造进行"以奖代补"	4.5

在政府政策鼓励下，上海、江苏与浙江也开始尝试进行投融资模式的创新实践，如 PPP、BOT 模式等，但相比于政府投资模式仍然滞后。

案例 8.1 上海市实行阶梯气价

2014 年 9 月 1 日起，上海市调整居民燃气价格并实行居民阶梯气价制度，同时修改完善现行的居民天然气价格上下游联动机制。上海市阶梯气价方案中，居民用气量分为三档，分别按照覆盖区域内 80%、95% 和超出部分的居民用户用气量确定。

居民阶梯气价分为三档，第一档气价每立方米提高 0.50 元，从原来的每立方米 2.50 元调整为 3.00 元；第二档气价与第一档保持 1.1 倍的比价，即每立方米 3.30 元；第三档气价与第一档保持 1.4 倍的比价，即每立方米 4.20 元。

案例 8.2 排污权抵押成为绍兴柯桥企业融资重要途径

2014 年 1~11 月，浙江省绍兴市柯桥区有 124 家企业通过废水排污权抵押的形式，从银行获得贷款 23.9 亿元，其中印染纺织企业为 121 家，融资额超 23 亿元。过半印染企业已习惯利用排污权来融资。排污权抵押在印染企业中日趋普遍。

针对企业发展融资需要，环保窗口在原企业排污许可证抵押的前提下，创新排污权余量抵押，即企业排污指标抵押后的余量作再次抵押，帮助企业解决融资困难的问题。排污权余量抵押能让抵押后闲置的排污权"活"起来。该抵押方式除满足排污权抵押贷款所有手续外，必须有个前置条件——须征得前一贷款银行的同意方能实施。排污权余量抵押推出后，柯桥区已有 3 家印染企业成功获贷 5850 万元。前往环保窗口咨询的企业很多，但因受前置条件限制，目前能成功办理余量抵押贷款的企业并不多。

案例 8.3　建设-经营-转让（BOT）模式在浙江的实施

温州市东庄垃圾发电项目总投资 9000 万元，设计日处理生活垃圾 320 吨，年发电 2500 万千瓦。一期工程投资 6500 万元，日处理生活垃圾 160 吨；瓯海区政府出资 3000 万元，其余由温州市民营企业——伟明环保工程有限公司投资建设和运营，运营期 25 年（不包括两年建设期），然后无偿归还政府，项目公司按每吨 32.14 元的价格向环境卫生部门收取垃圾处理费。一期工程于 2000 年 11 月 28 日竣工。实际处理垃圾 200 吨，年发电 900 万度，并通过 ISO9001 认证。除自身耗电 200 万度外，其余部分由电力部门按 0.50 元/度的价格收购入网，扣除运行费用和设备折旧，预计投资回收期为 12 年。

宁波现代化生活垃圾焚烧发电综合利用项目，日处理垃圾 1000 吨，一期工程投资 4 亿元，政府投资 1.2 亿元，其余部分利用社会资金，各投资方按照现代企业制度建立宁波枫林绿色能源开发有限公司作为项目公司，负责运营管理，并依靠发电入网和垃圾处置收费，现已有一定的投资回报。

案例 8.4　苏州首创大气污染治理 PPP 模式

苏州相城区率先采用的"PPP（政府与社会资本合作）模式"治理大气污染工程启动，专家进驻现场着手规划设计。三年内，这个区陆续关闭两座小热电厂、淘汰 300 余台燃煤小锅炉，改由望亭发电厂集中供热后每年可减排烟尘 7450 吨。

相城区现有三座小型热电厂，长期以来蠡口、北桥、渭塘、阳澄湖等地区的供热，一直由蠡口热电厂与惠龙热电厂供应。这两座小热电厂每天却要产生大量粉尘污染，加之分散各地的 300 多台燃煤小锅炉产生的烟尘，对周边环境造成严重影响，也存在着安全隐患，附近居民怨声载道。

区政府着手进行大气污染的治理，淘汰了一部分燃煤小锅炉，但环境治理项目光靠政府投入运营能力有限，于是尝试邀请社会资本参与进来。望亭发电厂、相城城市建设开发有限责任公司、苏州惠龙热电有限公司三方签署联合治理大气污染合作框架协议，探索优化整合资源，保护生态环境。央企望亭发电厂投入 1.5 亿元进行供热机组技术改造，然后铺设全长 37 公里的三根管网，向相城区的蠡口、北桥、渭塘、阳澄湖等片区集中供热。相城区与民营企业苏州惠龙热电有限公司出资 6 亿元，共同组成能源开发有限公司，三年内逐步关闭"蠡口"、"惠龙"两座小热电厂和淘汰 300 多台燃煤小锅炉，实施集中供热。初步估算，实行集中供热后每年可减排烟尘 7450 吨、SO_2 9550 吨、NO_x 4740 吨，节能 8230 吨标煤。央企助力，民企参与部分投资及运营管理，此项目在大气污染治理上采用了"PPP"新模式。

8.3　大气污染治理投融资存在的问题

8.3.1　投融资总量严重不足

目前，中国大气污染治理的投资主要集中在工业企业污染治理方面，2010～2015 年工业企业污染治理总共投资金额为 2130 亿元，交通污染源治理（黄标车淘汰）总共投资金额为 940 亿元，但是，经测算黄标车淘汰共需资金 2816 亿元，交通污染源治理共计需要投入资金 1.4 万亿元，交通污染源治理投资缺口较大。2012 年，中国治理废气共计投入资金 2 577 139 万元，中国地区全年 GDP 为 518 942.1 亿元，治理废气投入占 GDP 的比重仅为 0.05%，对于中国巨大的大气污染治理投资赤字来说是微不足道的，因此增加中国大气环境污染治理投资是非常有必要。

8.3.2　过度依赖政府性投融资

一直以来环境保护作为公共事业，导致人们认为环保产业的发展应当更多地依赖于政府的资金投入，而企业则缺乏环保投融资的积极性和热情，这造成污染防治和环境保护责任几乎全面推向政府，政府成为环保事业发展主体的局面，最终形成大气污染治理项目投资运行效率低下，污染治理投资总量不足等弊病。

8.3.3　投融资渠道不畅

在融资方面，虽然政府鼓励多元融资模式的发展，一些地区也对新型融资模式做出了尝试，例如珠三角的"EMC+租赁+补贴"融资模式、京津冀的"差异化信贷"融资模式、长三角的"PPP"和"BOT"等融资模式，但是，就大多数地区而言仍然以政府补贴奖励为主，社会化资金进入环保市场较少。投融资机制不健全、市场手段运用不足、法律法规不完善、风险程度高等缺点，企业对于环保产业的投资缺乏有效动力。企业缺乏对环保产业的投资信心，环保基础设施资金缺口加大，其根本原因是由于市场化机制尚未形成，使外界参与投资出现了瓶颈效应，阻碍了建设资金的投入。这包括：①价格体系不完善，价格与价值是脱离的，价格由政府物价部门核准，不是以价值为基准的，不合理的价格机制抑制资金流入，因为资本本性决定了只有可能产生收益的项目才能成为资本追逐的对象；②投资管理体系不健全，政企不分、权限不清、责任不明，如果不进行投融资体制的改革，广开投融资渠道，根据目前的实际状况，中国繁重的环保基础设施建设任务难以完成。

8.3.4　企业治理主体责任不到位

投融资权责不分,没有充分体现"污染者付费"和"使用者付费"2 大原则。根据经济学原理,环境污染是"市场失灵"的表现,是社会经济活动外部不经济性的表现。要消除这种外部不经济性,需要政府、企业和社会共同努力。在市场经济条件下,政府的作用主要是规制和监督,同时作为环境质量等公共物品的主要提供者,在环境投入方面负有不可推卸的责任。企业通常是环境污染的主要产生者,社会公众既是污染的产生者,也是环境污染的受害者。根据"污染者付费"和"使用者付费"原则,企业和社会公众应该在环保投资中占有相当比例。从目前情况看,中国环境保护的投资主体仍然是国家,70%以上环保投资是政府投入,与市场经济国家情况恰好相反。美国、英国和波兰,近 60%的污染削减和控制投资由私营部门(企业和社会公众)直接支付。中国环境保护由于传统思维惯性,没有明确政府、企业和公众的环境保护投资权责关系,把污染治理责任过多地推向政府,没有发挥市场和公众的作用。虽然"污染者付费"和"使用者付费"原则开始得到一定程度体现,但执行很不到位,相关政策法规也有待完善。

8.4　投融资主体分析

环境污染治理投资包括老工业污染源治理、建设项目"三同时"、城市环境基础设施建设三个部分。中国对环保事业越来越重视,据国家统计局资料显示,中国环保投融资在环保政策推动下稳步增长,2012 年环保投融资额达到 8253.5 亿元,占国内生产总值(GDP)1.59%,占社会固定资产投资 2.20%,比上年增加 37.0%(图 8-1～图 8-2)。其中,城市环境基础设施建设投资 5062.7 亿元,老工业污染源治理投资 500.5 亿元,建设项目"三同时"投资 2690.4 亿元,分别占环境污染治理投资总额的 61.3%、6.1%和 32.6%。

这些环保投资主体主要由政府为主,私人机构和其他市场投融资手段为辅,企业还没能成为真正的投资主体,但从工业环保投资来看,企业自筹并投入的环保资金基本保持上升趋势,虽在 2009～2010 年有所下降,但仍然占据工业污染投资总额的绝大部分。在《大气污染防治行动计划》中,工业污染防治任务被放在首位,由此来看在计划实施后,企业将成为工业领域中大气污染防治投资的主体之一(表 8-7)(图 8-3)。

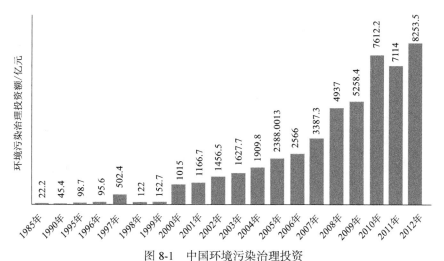

图 8-1 中国环境污染治理投资

数据来源:《中国统计年鉴》、《中国环境统计年鉴》、《中国民族统计年鉴》

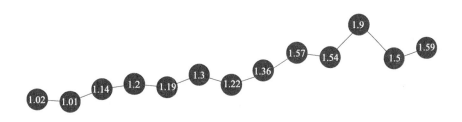

图 8-2 环境污染治理投资总额占 GDP 比重变化/%

数据来源:《中国统计年鉴》、《中国环境统计年鉴》、《中国民族统计年鉴》

表 8-7 中国工业污染治理投融资来源(亿元)

年份	当年投资来源总额	企业自筹	银行贷款	国家补助
2000	234.73	16.52	12.55	33.12
2001	174.48	7.49	67.11	36.35
2002	188.37	8	43.55	41.96
2003	221.79	141.94	25.1	18.75
2004	308.11	227.43	29.02	13.71
2005	458.19	361.64	38.99	7.78

续表

年份	当年投资来源总额	企业自筹	银行贷款	国家补助
2006	483.95	454.15	30.1	15.52
2008	542.64	520.07	30.67	13.61
2009	442.62	421.53	47.26	14.1
2010	396.98	376.92	31.35	15.14

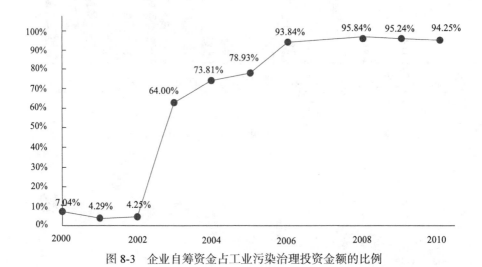

图 8-3　企业自筹资金占工业污染治理投资金额的比例

虽然中国投资总额逐年上升，投资主体从依靠政府转向多元化模式，但跟国外相比，投资渠道仍过于狭窄。因此通过《大气污染防治行动计划》的实施，可借鉴国外投资模式，提高其他投资主体比例，例如非政府组织、公司合作等（表 8-8）。

表 8-8　美国、欧盟、日本等国环保产业投资主体（王文君，2007）

国家	政府投资主体	市场投资主体	其他投资主体
美国	联邦、州和地方政府部门、机构	公司合作（PPP）、企业、私人业主等	非政府组织、研究所
欧盟	国家、州和地方政府部门、机构	公司合作（PPP）、商业公司、企业、私人部门等	非政府组织（德国工业联盟 BDI 和德国工商企业协会 DIHT）、研究所
日本	国家和地方政府部门、机构	公司合作（PPP）、企业、私人业主等	非政府组织（如环境财团、环境学会等）

8.5　投融资方案设计

根据大气污染防治行动计划实施方案中涉及的优化能源结构、移动源污染防治、工业企业污染治理及面源污染治理重点任务,分析不同任务的主要投融资渠道(表 8-9)。其中,在优化能源结构中,关停燃煤锅炉的主要投融资渠道为政府补贴,改造燃煤锅炉的主要投融资渠道为政府补贴和企业自筹;在移动源污染防治中,新能源汽车推广主要的投融资渠道为政府补贴、企业自筹及社会融资,淘汰黄标车的主要投融资渠道为政府补贴,油品升级的主要投融资渠道为政府补贴与企业自筹;工业企业污染治理中,火电行业的脱硫、脱硝及除尘的主要投融资渠道为政府补贴与企业自筹,钢铁行业的脱硫与除尘主要投融资渠道为企业自筹及社会融资,水泥行业的脱硝和除尘主要投融资渠道为企业自筹和社会融资,石油化工行业的脱硫剂油气回收主要投融资渠道为企业自筹与社会融资,面源污染治理的主要投融资渠道为企业自筹与社会融资。

表 8-9　大气污染治理任务投融资方案

类别	项目			融资渠道		
				政府补贴	企业自筹	社会融资
优化能源结构	关停燃煤锅炉			√		
	改造燃煤锅炉			√	√	
移动源污染防治	新能源汽车	天然气汽车	汽车	√	√	√
			加气站	√	√	√
		电力汽车	汽车	√	√	√
			充电站	√	√	√
	淘汰黄标车			√	.	
	油品升级			√	√	
工业企业污染治理	火电		脱硫	√	√	
			脱硝		√	
			除尘	√	√	
	钢铁	烧结机	脱硫		√	√
			除尘		√	√
		球团	脱硫		√	√
	水泥		脱硝		√	√
			除尘		√	√
	石油化工	脱硫			√	√
		油气回收	油库		√	√
			加油站		√	√
			油罐车		√	√
	其他颗粒物治理				√	√
	VOC 综合治理				√	√
面源污染治理	扬尘综合整治		施工工地		√	√
			道路		√	√

　　可见主要考虑的投融资渠道有企业自筹、银行贷款及政府财政补贴,其中企业自筹占据主要地位。尤其是工业污染治理措施中政府一般不会给予补贴,投资主要来自企业自筹也有小部分通过银行贷款获得。而在推广新能源汽车和淘汰黄标车措施中,政府投资占主导地位,可见目前的财政政策大多还是一刀切方式,一些重点污染治理措施政府提供大力财政支持,而对于日渐完善的工业行业污染治理则大多以强制性政策手段为主,并依靠企业自己进行投融资活动。对于面源污染治理目前东部地区实行了扬尘排污收费制度,可以有效缓解政府财政压力,建议这一政策可以在其他地区进行推广。整体看来,在未来计划实施过程中,政府财政投入需一定程度提升尤其是在工业企业污染治理方面,以减轻企业负担并激励企业完善治污技术升级,同时银行业金融机构等信贷支持及社会、民间资本投融资比例也需大大提升,以缓解在城市基础设施建设相关措施中政府大量投资的财政压力。另外不同行业不同规模企业的投融资结构也差异显著。如火电厂、石油化工这类企业,由于国企居多,具有较强环保观念,加之企业收益也十分可观,因此实施《计划》时,投融资结构应呈现以企业自筹的投融资渠道为主的模式。而其他工业行业或小型企业,在与国企执行相同污染排放标准时必定承受更大压力,针对这些中小企业,适当提升政府补贴力度和采用经济激励手段是较优的政策选择。建议从以下 3 方面拓宽融资渠道:

　　(1)股权融资:借助私募股权融资,目前私募股权基金多关注信息技术、软件等产业,环保产业上升为国家重点发展的战略性新兴产业后,投资者和私募基金对环保产业的关注日益加大,在此趋势下,在国家层面出台相关政策文件,扶持发展大气污染防治相关环保产业进行股权融资用以拓宽融资渠道。

　　(2)排污权交易:目前已有甘肃、重庆、吉林等地政府出台相关文件,推动排污权交易相关工作,多地在排污权交易试点方面取得了一定经验,但是依然存在交易清淡、市场化程度不高、跨区域交易难等诸多问题。因此,应该建设中国统一的排污权交易管理平台,跟踪、服务于各地试点工作。推进跨省级排污权交易,充分利用各地环境容量差异,优化环境资源配置。省级环保部门建立辖区内排污权交易管理系统,并与国家联网,市县交易在省级系统下开展工作。

　　(3)建立大气污染防治基金:在国家层面建立大气污染防治基金,重点对高污染行业大气污染控制、煤炭清洁高效利用、城市扬尘抑制、挥发性有机物(VOCs)治理、大气污染监测预警、大气环境管理支撑技术研发与应用等 6 大类项目给予支持。

8.6　不确定性分析

　　本书的范围主要集中在《大气污染防治行动计划》中可明确量化的实施措施,

因此对投融资需求及改善效果的评估偏于保守。对此,本书进行了不确定性分析。

1. 数据的不确定性

在核算《大气污染防治行动计划》工业源污染治理投资需求时,由于一些城市尚未有较准确数据,视情况和数据的可获得性采用其所在地区或省的平均数据,也并没有完全包括《大气污染防治行动计划》中提及的所有任务措施,例如,为了达到煤炭能源消费比重下降的目标而采取的发展清洁能源措施所需投入并没有进行核算,因此本书的投融资需求测算与实际需求之间可能有一定差距,成果仅供相关部门在政策制定时作参考。

2. 核算方法不足

本书中的投资核算方法结构比较单一,主要考虑了直接一次性投资与年度运行成本,并没有将影响未来投资成本的潜在因素进行货币化估值,例如健康效应带来的成本增减等。

在健康效应评估部分,本书估算的结果存在不确定性,首先本书基于已有的流行病学调查研究,所选用的 $PM_{2.5}$ 的暴露-反应关系主要来自文献调研,而中国开展的相关研究较少,大部分文献及研究选择借鉴国外研究结果,因而非本地化参数对死亡率的预测产生不确定性。其次在预测避免死亡人数时,我们根据 2012 年各省人口自然增长预测了计划完成年份 2017 年的总人口数,并根据"十二五"规划每年 0.8%的城镇化速率估计 2017 年城镇人口。因而,城镇化速率缺少空间差异性考虑,也未考虑其他有关影响因素,这导致城镇人口预测存在不确定性。

3. 情景设定单一

本书依据《大气污染防治行动计划》及地方相关大气污染治理政策来核算所需投资,并没有考虑各地区实施效果之间的差异性,而现存各地区不同政策也会使不同行业环保手段有所差异。另外本书在分析方案实施的健康影响时,假定该地区环保项目及最终 $PM_{2.5}$ 的浓度能完全达到《大气污染防治行动计划》要求,但实际情况并不一定如此理想化,因此将存在一定误差。

第9章 政 策 建 议

1. 加大交通污染源治理等资金投入力度，保障行动计划的顺利实施

加大大气污染治理资金投入，本着"谁污染、谁治理、谁投资"的原则，大力推进绿色环保产业发展。进一步加大财政投入力度，确保各项大气污染措施落实并取得实效；要特别加大交通污染源治理的资金投入力度，在淘汰黄标车、老旧车的同时，加快新能源汽车的发展。在环境执法到位、价格机制理顺基础上，中央财政统筹整合主要污染物减排等专项，做好大气污染防治专项资金分配、使用与监管，对重点区域按治理成效实施"以奖代补"；中央基本建设投资也要加大对重点区域大气污染防治的支持力度，加大中央预算内资金支持，引导社会加大节能减排和防治大气污染治理投入。

2. 理清不同投资主体责任并推进构建形成稳定的投融资渠道和机制，这是长久以来存在的难点问题，为了保障大气行动计划投资需求的有效供给，应进一步推进加快改革进程

政府要尽快完善大气行动计划投资的预算支出机制，政府性投资规模得以保证；要注重发挥企业主体责任，提高环境违法成本，降低企业守法成本，完善环境税费、排污权有偿使用与交易等政策，促进大气环境治理成本内部化，构建有效的环境资源价格机制；明确界定政府和市场的边界，发挥政府和市场的双重作用。明确政府的职能和责任，对需要政府主导和直接投入的领域，政府部门需要及时投入大量财政资金，保证政策和措施顺利实施，如黄标车淘汰等；而对需要政府引导，市场机制充分发挥作用的领域则需要政府加以引导，鼓励私人部门和社会资本参与其中，如可以通过排污交易促进污染减排。因此政府要避免环境管理工作中的"缺位"与"越位"，政府从宏观上把握大气治理政策的发展方向，提供完善的规划指导、公共基础设施建设等基础平台，鼓励社会资本参与其中，发挥市场机制的作用，多途径筹集治理资金并提高资金的使用效率。

3. 拓宽和完善大气行动计划实施的投融资渠道

尽管国家在大气污染防治方面的投入逐年增加，但是受政府财力规模的限制，单纯依靠政府资金和现有融资渠道，还难以满足大气行动计划实施的资金需求，需要完善目前的大气治理融资渠道，可以考虑：①发征地方政府市政公债，集中社会闲置资金进入大气污染防治领域；②加快推进大气污染物排污交易，为企业污染减排提供灵活、多样化选择，提高大气污染治理成效；③稳妥推进大气环境领域资产证券化，增强有关资本流动性，增强大气环保产业资本吸引力；④成立大气污染防治基金，政府财政投入可作为"种子资金"，运用基金运作方式促进增加社会资金投入，以补贴、发放低息贷款方式向大气环境保护提供支持。

4. 拓宽和完善大气行动计划实施的投融资渠道

实施大气行动计划带来的巨额投资会催生中国大气环保产业快速发展，给大气环保产业市场发展带来前所未有的机遇。同时，也是对中国大气环保产业市场的巨大挑战，虽然中国大气环保产业已经取得了快速发展，但是仍然存在着技术水平低、竞争力不足、市场不规范等问题，需要借助《计划》实施契机，加快政策创新驱动，通过政策利好，加速促进大气环保产业快速发展，为大气污染行动计划顺利实施提供产业能力支撑。

5. 加强大气行动计划实施影响的关键技术方法研究

本书尽管对中国大气污染行动计划实施的投融资需求及影响进行了系统研究，但还存在不少技术方法问题需要在将来的研究工作中进一步改进与完善。①本书提出的地方大气行动计划投融资需求测算技术指南，测算技术经济参数采取中国均值形式，可为区域或者地方大气行动计划投融资测算提供统一框架和指引，但只是更有效地测算京津冀、长三角和珠三角 3 个区域及一些省市的投资需求，仍需要开展大量行业研究来明确技术经济参数；②加快制定中国大气行动计划实施投融资计划，在 2015 年底启动京津冀、长三角、珠三角三大重点区域及中国大气行动计划实施的投融资进展评估，明确投融资缺口及实施存在的问题，确保投融资进度和规模得以保障；建议在 2017 年底启动计划终期的投融资绩效评估，为今后进一步深入推进大气污染治理的投融资政策创新提供基础；③加强大气污染对人体健康影响方面基础研究，大气污染对人体健康的影响是社会公众关注的焦点，需要加快推进开展临床流行病学研究及中国大气污染暴露-反应效应研究，以更好评估中国大气行动计划实施的健康效应；④推进大气污染防治投入经济社会贡献度方法学研究，进一步完善大气污染防治环保投入经济社会贡献度测算模型，实现更全面、更有效地测量大气行动计划实施的经济社会效应；⑤大气污染治理投资会加速技术创新，在大气污染减排技术、清洁能源技术效应的定量测评方面还需要进一步地开展方法学和实证研究；⑥如何定量测评大气行动计划投融资的产业拉动效应，测评投融资对产业市场规模及水平影响，还需要进一步开展有关研究；⑦大气行动计划重点针对 $PM_{2.5}$ 防控，但是从目前大气污染治理形势来看，O_3 及挥发性有机物等污染问题越来越凸显，需要进一步加大对 O_3 及挥发性有机物的关注。

参 考 文 献

陈秉衡, 阚海东. 2004. 城市大气污染健康危险度评价的方法——第二讲主要大气污染物的危害认定(续一)[J]. 环境与健康杂志, 21(3): 181-182

陈全润, 杨翠红. 2011. 扩大居民消费对中国 GDP 的影响分析[J]. 系统科学与数学, 31(2): 206-215

陈锡康. 2011. 投入产出技术[M]. 北京: 科学出版社

陈媛媛. 2011. 行业环境管制对就业影响的经验研究: 基于 25 个工业行业的实证分析[J]. 当代经济科学, (3): 67-73

陈璋, 张晓娣. 2005. 投入产出分析若干方法论问题的研究[J]. 数量经济技术经济研究, 22(9): 83-90

广东省发改委. 2013. 关于推进我省工业园区和产业集聚区集中供热的意见[Z]. 广州: 广东省发改委

国家统计局. 2009. 中国投入产出表 2007[M]. 北京: 中国统计出版社

国家统计局. 2011. 中国环境统计年鉴[M]. 北京: 中国统计出版社

国务院办公厅. 2010. 中国主体功能区规划[Z].

环境保护部. 2013. 2012 年中国环境统计年报[M]. 北京: 中国环境科学出版社

黄德生, 张世秋. 2013. 京津冀地区控制 $PM_{2.5}$ 污染的健康效益评估[J]. 中国环境科学, 33(1): 166-174

姜小鱼. 2014. 雾霾治理如何影响 GDP[DB/OL]. http://www.cb.com.cn/economy/2014_0314/1045459.html

蒋洪强, 曹东, 王金南, 等. 2005. 环保投资对国民经济的作用机理与贡献度模型研究[J]. 环境科学研究, 18(1): 71-74

蒋洪强. 2004. 环保投资对经济作用的机理与贡献度模型[J]. 系统工程理论与实践, 12: 8-12

阚海东, 陈秉衡. 2002. 中国大气颗粒物暴露与人群健康效应的关系[J]. 环境与健康杂志, 19(6): 422-424

刘起运, 陈璋, 等. 2006. 投入产出分析[M]. 北京: 中国人民大学出版社

刘起运. 2002. 关于投入产出系数结构分析方法的研究[J]. 统计研究, 2: 40-42

刘晓云, 谢鹏, 刘兆荣, 等. 2010. 珠江三角洲可吸入颗粒物污染急性健康效应的经济损失评价[J]. 北京大学学报(自然科学版), 46(5): 829-834

陆旸. 2011. 中国的绿色政策与就业, 存在双重红利吗?[J]. 经济研究, 7: 42-54

马骏, 施娟, 佟江桥. 2013. 政策要大变, 才能将 PM$_{2.5}$ 降到 30[Z]. 博源基金会

王慧炯. 2007. 中国经济区域间投入产出表[M]. 北京: 化学工业出版社

王金南, 逯元堂, 吴舜泽, 等. 2010. 国家"十二五"环保产业预测及政策分析[J]. 中国环保产业,
　　6: 24-29

王奇, 夏溶矫. 2012. 基于对数平均迪氏分解法的中国大气污染治理投资效果的影响因素探讨[J].
　　环境污染与防治, 34(4): 84-87.

王文君. 2007. 中国环保产业投融资机制研究[D]. 西安: 西北农林科技大学

谢丹, 安焱家, 徐莉莎. 2014. 雾霾经济学彻底拿下雾霾, 经济会降几个点？ [N]. 广州: 南方周
　　末

谢敏, 区宇波, 陈斐. 2011. 珠三角区域环境 PM$_{2.5}$ 细颗粒物污染特征分析[J]. 环境, S1:32-34

谢鹏, 刘晓云, 刘兆荣, 等. 2009. 中国人群大气颗粒物污染暴露-反应关系的研究[J]. 中国环境
　　科学, 10:1034-1040

杨念. 2008. 区域间投入产出表的编制及应用[D]. 上海: 华东师范大学

杨薇. 2009. 环保投融资机制的国内外比较研究[D]. 上海: 复旦大学

於方, 过孝民, 张衍燊, 等. 2007. 2004 年中国大气污染造成的健康经济损失评估[J]. 环境与健
　　康杂质, 24(12): 999-1003

曾倩柔, 余少玲. 2014. 2014 年一季度广东能源消费情况分析[Z].

曾贤刚. 2005. 亟待完善的中国环保投融资体制[J]. 环境经济, (3): 36-40

张伟, 蒋洪强. 2012. "十一五"环保投入对经济社会的贡献效应测算[C]. 中国环境规划与政策
　　模型学术研讨会, 192-200

张亚雄, 刘宇, 李继峰. 2012. 中国区域间投入产出模型研制方法研究[J]. 统计研究, 29(5): 3-9

赵珂, 曹军骥, 文湘闽. 2011. 西安市大气 PM$_{2.5}$ 污染与城区居民死亡率的关系[J]. 预防医学情
　　报杂志, 27(4): 257-262

中国 2007 年投入产出表分析应用课题组. 2011. 2007 年投入产出表的中国投资乘数测算和变动
　　分析[J]. 统计研究, 28(3): 3-7

朱红梅, 刘新华, 王冲, 等. 2006. 济南市大气污染治理成本效益分析系统的建立[J]. 理论学习,
　　7: 44

Amann M, Bertok I, Borken-Kleefeld J, et al. 2011. Cost-effective control of air quality and
　　greenhouse gases in Europe: Modeling and policy applications[J]. Environmental Modelling &
　　Software, 26(12): 1489-1501

Bennett W D, Zeman K L, Kim C. 1996. Variability of fine particle deposition in healthy adults:
　　effect of age and gender[J]. American Journal of Respiratory and Critical Care Medicine, 153(5):
　　1641-1647.

Bezdek R H, Wending R M, DiPerna P. 2008. Environmental protection, the economy, and jobs:
　　National and regional analyses[J]. Journal of Environmental Management, 86(1): 63-79

Bovenberg A L, van der Ploeg F. 1996. Optimal taxation, public goods and environmental policy with involuntary unemployment[J]. Journal of Public Economics, 62(1): 59-83

Dockery D W, Pope C A, Xu X, et al. 1993. An association between air pollution and mortality in six US cities[J]. New England Journal of Medicine, 329(24): 1753-1759

Goodstein E. 1996.Jobs and the environment: an overview[J].Environmental Management, 20(3): 313-321

Guo Y, Li S, Tian Z, et al. 2013. The burden of air pollution on years of life lost in Beijing, China, 2004-08: retrospective regression analysis of daily deaths[J]. BMJ: British Medical Journal,347

Hahn R, Steger W. 1990. An analysis of jobs at risk and job losses from the proposed Clean Air Act amendments[J]. Pittsburgh,PA: CONSAD Research Corporation

Kan H, Chen B. 2004. Particulate air pollution in urban areas of Shanghai, China: health-based economic assessment[J]. Science of the Total Environment, 322(s 1-3): 71-79

Morgenstern R D, Pizer W A, Shih J S. 2002. Jobs versus the environment: an industry-level perspective[J]. Journal of Environmental Economics and Management, 43(3): 412-436.

Schwartz J. 2000. Harvesting and long term exposure effects in the relation between air pollution and mortality[J]. American Journal of Epidemiology, 151(5): 440-448.

Streets D G, Bond T C, Carmichael G R, et al. 2003. An inventory of gaseous and primary aerosol emissions in Asia in the year 2000[J]. Journal of Geophysical Research: Atmospheres (1984–2012),108(D21)

UN-HABITAT.2008. State of the World's Cities 2008/2009 - Harmonious Cities[Z]. London: 224

USEPA .2008. AirControlNET[DB/OL].http://www.epa.gov/ttn/ecas/AirControlNET.htm

USEPA .2011. The benefits and costs of the Clean Air Act from 1990 to 2020[R]

Wen M, Kandula N R, Lauderdale D S, et al. 2007. Walking for transportation or leisure: what difference does the neighborhood make?[J]. Journal of General Internal Medicine, 22(12): 1674-1680

Zhang M, Song Y, Cai X, et al. 2008. Economic assessment of the health effects related to particulate matter pollution in 111 Chinese cities by using economic burden of disease analysis[J]. Journal of Environmental Management, 88(4): 947-954

Zhang Q, Crooks R. 2012. Toward an Environmentally Sustainable Future: Country Environmental Analysis of the People's Republic of China[M]. Mandaluyong City, Philipplines, Asian Development Bank

Zhang J W, Tang S L.2009. A highly resolved temporal and spatial air pollutant emission inventory for the Pearl River Delta region, China and its uncertainty assessment[J]. Atmospheric Environment, 43(32): 5112-5122

附件1 区域《大气污染防治行动计划》实施的投资需求测算技术指南

（建议稿）

1. 范围

本指南规定了区域大气污染防治计划实施投资需求测算的工作程序、方法、内容及技术要求。

本指南适用于在中华人民共和国中国、各区域、省、自治区、直辖市、市、县等区域大气污染防治行动计划实施的投资需求核算。

2. 规范性引用文件

国发〔2013〕37 号《大气污染防治行动计划》

国发〔2013〕2 号《能源发展"十二五"规划》

国发〔2013〕30 号《关于加快发展节能环保产业的意见》

国发〔2013〕36 号《国务院关于加强城市基础设施建设的意见》

国发〔2013〕41 号《国务院关于化解产能严重过剩矛盾的指导意见》

财建〔2013〕551 号《关于继续开展新能源汽车推广应用工作的通知》

发改价格〔2013〕1845 号《国家发展改革委关于油品质量升级价格政策有关意见的通知》

环发〔2012〕130 号《重点区域大气污染防治"十二五"规划》

国发〔2012〕40 号《节能减排"十二五"规划》

国发〔2012〕22 号《节能与新能源汽车产业发展规划（2012—2020 年）》

国发〔2011〕42 号《国务院关于印发国家环境保护"十二五"规划的通知》

3. 术语和定义

生物质成型燃料：是一种洁净低碳的可再生能源，作为锅炉燃料，它的燃烧时间长，强化燃烧炉膛温度高，而且经济实惠，同时对环境无污染，是替代常规化石能源的优质环保燃料。

公交分担率：指城市居民出行方式中选择公共交通（包括常规公交和轨道交通）的出行量占总出行量的比率，这个指标是衡量公共交通发展、城市交通结构合理性的重要指标。公交分担率=公共交通乘坐出行总人次/出行总人次×100%。

新能源汽车：采用非常规车用燃料作为动力来源（或使用常规车用燃料、采用新型车载动力装置），综合车辆的动力控制和驱动方面的先进技术形成的新型汽车。

液化天然气汽车（LNG）：指使用液化天然气（LNG）作为动力燃料的汽车。LNG 是液化天然气（liquefied natural gas）的缩写。主要成分是 CH_4。LNG 无色、无味、无毒且无腐蚀性，其体积约为同量气态天然气体积的 1/600，质量仅为同体积水的 45%左右，热值为 52MMBtu/t（$1MMBtu=2.52×10^8cal$）。

插电式混合动力汽车：是一种新型的混合动力电动汽车。区别于传统汽油动力与电驱动结合的混合动力，插电式混合动力驱动原理、驱动单元都与电动车无异，之所以称其为混合动力，是这类车上装备有一台为电池充电的发动机。

纯电动汽车：以车载电源为动力，用电机驱动车轮行驶，符合道路交通、安全法规各项要求的车辆。由于对环境影响相对传统汽车较小，因此，其前景被广泛看好，但当前技术尚不成熟。

黄标车：高污染排放车辆的别称，是未达到国 I 排放标准的汽油车，或未达到国III排放标准的柴油车，因其贴的是黄色环保标志，因此称为黄标车。

烧结机：是由几道工序组成的一个工程，适用于大型黑色冶金烧结厂的烧结作业，它是抽风烧结过程中的主体设备，可将不同成分、不同粒度的精矿粉、富矿粉烧结成块，并部分消除矿石中所含的硫，磷等有害杂质。烧结机按烧结面积划分为不同长度、不同宽度几种规格，用户根据其产量或场地情况进行选用。烧结面积越大，产量就越高。

球团：粉矿造块的重要方法之一。先将粉矿加适量的水分和黏结剂制成黏度均匀、具有足够强度的生球，经干燥、预热后在氧化气氛中焙烧，使生球结团，制成球团矿。这种方法特别适宜于处理精矿细粉。

油气回收：是指在装卸汽油和给车辆加油的过程中，将挥发的汽油油气收集起来，通过吸收、吸附或冷凝等工艺中的一种或两种方法，或减少油气的污染，或使油气从气态转变为液态，重新变为汽油，达到回收利用的目的。

落后产能：落后产能是个技术判断，产能过剩是个市场判断。落后产能与过剩产能也并非是完全割裂、非此即彼的。在完善的市场经济条件下，过剩的产能一般包括落后产能；而落后产能的淘汰、退出能够改变市场的供求关系，减轻产能过剩的程度。

4. 评估的工作程序

中国大气污染防治行动计划实施的投资需求测算工作分为准备阶段、调查阶段、分析测算阶段和研究成果编制阶段。中国大气污染防治行动计划实施的投资需求测算工作程序参见附图1。

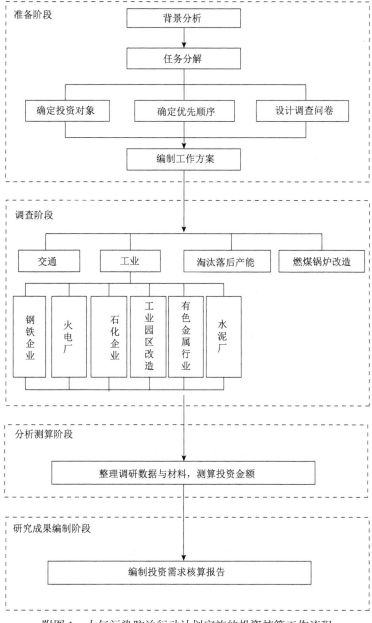

附图1 大气污染防治行动计划实施的投资核算工作流程

4.1　准备阶段

中国大气污染防治行动计划实施的背景材料，完成测算区域大气污染防治行动计划或清洁空气行动计划的任务分解工作，分析行动计划涉及的行业、部门，并开展以下 4 项工作：

（1）确定投融资对象；

（2）确定任务执行的优先顺序；

（3）设计不同行业部门的调查问卷；

（4）确定任务投融资核算的内容，确定核算范围、具体参数，编制核算工作方案。

4.2　调查阶段

针对大气污染防治计划涉及的行业开展调研工作。对于行业管理部门如国家发展和改革委员会、环境保护部和交通运输部等，主要调查淘汰落后产能、能源结构调整、污染减排设施建设与运行、黄标车淘汰、油品升级、新能源天然气汽车、新能源电力汽车及公共交通等方面内容；行业企业调查主要包括钢铁、火电、交通、石化、水泥、有色金属制造等。其中，钢铁企业主要调查球团脱硫成本、脱硫项目建设成本与运行成本、财务费及污染物减排情况；火电厂主要调查脱硫、脱硝、除尘、除汞项目建设成本与运行成本、污染物减排情况；石化企业主要考察脱硫、储油罐油气回收以及加油站油气回收等项目建设成本、运行成本及污染物减排情况；水泥厂主要考察脱硝及除尘项目建设成本、运行成本及污染物减排情况；有色金属行业主要调研脱硫、脱硝、除尘、制酸项目建设成本、运行成本及污染物减排情况。

4.3　分析测算阶段

整理、分析调研数据与材料，根据准备阶段的任务分解，测算各项任务成本参数，确定大气污染防治行动计划实施投资范围、对象和金额。

4.4　研究成果编制阶段

编制大气污染防治行动计划实施的投资核算研究成果，同时建立完整的相关事件档案和数据台账，以备追溯。

5. 大气污染防治行动计划实施的投资需求核算方法

5.1 能源结构与利用改善

根据《大气污染防治行动计划》相关规定，能源结构与利用改善涉及煤炭总量控制以及煤炭清洁利用方面。煤炭总量主要通过淘汰燃煤小锅炉和改造燃煤锅炉的技术来控制。

5.1.1 淘汰燃煤锅炉

根据《大气污染防治行动计划》的要求，地级及以上城市建成区基本淘汰每小时 10 蒸吨及以下的燃煤锅炉，各地政府也对此建立各种锅炉补贴政策。对于燃煤小锅炉的治理措施分为淘汰与清洁能源改造两种。淘汰燃煤小锅炉的政府投资测算主要来自对当地淘汰锅炉补贴政策，通过实地调研确定在 2013～2017 年当地燃煤小锅炉淘汰量。

$$SC_i = Q_i \times A_i \times 10^{-4} \qquad\qquad （附 1）$$

式中，SC_i 为 i 地区淘汰燃煤锅炉政府投资额（万元）；Q_i 为 i 地区需淘汰燃煤锅炉数量（蒸吨）；A_i 为 i 地区淘汰燃煤小锅炉补贴额（万元/蒸吨）。

5.1.2 改造燃煤锅炉

燃煤锅炉改造技术包括生物质成型燃料替代燃煤、煤改气等，以此来确保达标排放。改造燃煤锅炉的投资核算主要包括设备购置、技术改造等带来的一次性投资成本、改造后运行燃煤锅炉的年度总运行成本及政府相关财政补贴。根据《大气污染防治行动计划》的相关要求，政府资料，并结合实地调研数据对需改造小锅炉的投资进行核算。

$$CC_i = \sum_j \sum_k CC_{i,j,k} \times N_{i,j,k} \qquad\qquad （附 2）$$

式中，CC_i 为 i 地区燃煤锅炉改造的一次性投资成本（万元）；$CC_{i,j,k}$ 为 i 地区 j 行业采用第 k 种技术措施改造每蒸吨锅炉的一次性投资成本（万元/蒸吨）；$N_{i,j,k}$ 为 i 地区 j 行业采用第 k 种技术改造的燃煤小锅炉量（蒸吨）。

$$\Delta OC_i = OC_{i,T+1} - OC_{i,T} \qquad\qquad （附 3）$$

$$OC_i = \sum_j \sum_k OC_{i,j,k} \times N_{i,j,k} \qquad\qquad （附 4）$$

式中，OC_i 为 i 地区燃煤锅炉改造后锅炉年度运行成本（万元/年）；$OC_{i,j,k}$ 为 i 地

区 j 行业采用第 k 种技术措施改造后每蒸吨锅炉的年度运行成本（万元/蒸吨）；$N_{i,j,k}$ 为 i 地区 j 行业燃煤锅炉改造总蒸吨数（蒸吨/年）。

$$SC_i = \sum_j \sum_k SC_{i,j,k} \cdot N_{i,j,k} \qquad （附5）$$

式中，SC_i 为 i 地区燃煤锅炉改造的政府财政补贴额（万元）；$SC_{i,j,k}$ 为 i 地区 j 行业采用第 k 种技术措施改造每蒸吨锅炉的政府补贴（万元/蒸吨）；$N_{i,j,k}$ 为 i 地区 j 行业采用 k 种技术改造的燃煤小锅炉量（蒸吨）。

5.1.3 煤炭清洁利用

煤炭清洁利用旨在煤炭开采、加工、燃烧、转化和污染控制过程中减少污染和提高效率，主要表现为提高煤炭入洗率，即为洗煤率。提升洗煤率需要改善现有洗煤技术，购进先进设备等。通过实地调研获得该地每年原煤产量及需提高入选比率。

$$CC_i = UC_i \times HN_i \times WR_i \qquad （附6）$$

式中，CC_i 为 i 地区煤炭清洁利用每年投资总额（万元/年）；UC_i 为 i 地区每年单位原煤洗选成本（万元/（吨·年））；HN_i 为 i 地区每年原煤产量（吨/年）；WR_i 为 i 地区每年需提高的入选比率（%）。

5.2 移动源污染防治

5.2.1 油品升级

根据国家要求实施油品升级，在 2013 年底前，中国供应符合国家第四阶段标准的车用汽油，在 2014 年底前，中国供应符合国家第四阶段标准的车用柴油，在 2015 年底前，京津冀、长三角、珠三角等区域内重点城市全面供应符合国家第五阶段标准的车用汽、柴油，在 2017 年底前，中国供应符合国家第五阶段标准的车用汽、柴油。油品升级种类为车用汽油与车用柴油。

$$CC_i = GC_i \times GN_i + DC_i \times DN_i \qquad （附7）$$

式中，CC_i 为 i 地区油品升级投资总额（万元）；GC_i 为 i 地区汽油升级增加的单位成本（万元/吨）；GN_i 为 i 地区汽油总产量（吨）；DC_i 为 i 地区柴油升级增加的单位成本（万元/吨）；DN_i 为 i 地区柴油总产量（吨）。

5.2.2 新能源汽车

新能源汽车主要包括燃气汽车（液化天然气、压缩天然气）、燃料电池电动汽车（FCEV）、纯电动汽车（BEV）、液化石油气汽车、氢能源动力汽车、混合动力汽车（油气混合、油电混合）、太阳能汽车和其他新能源（如高效储能器）汽车等，其废气排放量比较低。根据《大气污染防治行动计划》以及《节能与新能源汽车产业发展规划》相关规定，新能源汽车投资核算主要考虑燃气汽车和电力汽车，燃气汽车主要指液化天然气汽车（LNG），电力汽车主要包括插电式混合动力汽车以及纯电动汽车两种。新能源汽车投资核算包括一次性投资成本、新能源汽车年度运行成本及政府财政补贴，此核算对象包括新能源汽车及其相关配套基础设施。

$$CC_i = \sum_j (BC_{i,j} \times BN_{i,j} + IC_{i,j} \times IN_{i,j}) \qquad （附8）$$

式中，CC_i 为 i 地区新能源汽车投资总额（万元）；$BC_{i,j}$ 为 i 地区 j 类型新能源汽车的一次性投资单位成本（万元/辆/年）；$BN_{i,j}$ 为 i 地区 j 类型新能源汽车新增数量（辆）；$IC_{i,j}$ 为 i 地区 j 类新能源汽车配套基础设施的一次性投资成本（万元/个/年）；$IN_{i,j}$ 为 i 地区 j 类新能源汽车配套基础设施新增数量（个）。

$$OC_{i,j} = \sum_j (BC_{i,j} \times BN_{i,j} + IC_{i,j} \times IN_{i,j}) \qquad （附9）$$

式中，OC_i 为 i 地区新能源汽车每年运行成本（万元）；$BC_{i,j}$ 为 i 地区 j 类新能源汽车每年运行成本（万元/辆/年）；$BN_{i,j}$ 为 i 地区 j 类新能源汽车每年运行数量（辆）；$IC_{i,j}$ 为 i 地区 j 类新能源汽车配套设施每年运行成本（万元/个/年）；$IN_{i,j}$ 为 i 地区 j 类新能源汽车配套基础设施每年运营数量（个）。

$$SC_i = \sum_j BC_{i,j} \times BN_{i,j} \qquad （附10）$$

式中，SC_i 为 i 地区新能源汽车政府财政补贴额（万元）；$BC_{i,j}$ 为 i 地区 j 类新能源汽车的政府单位补贴额（万元/辆）；$BN_{i,j}$ 为 i 地区 j 类型新能源汽车新增数量（辆）；注：政府只对新能源汽车执行补贴政策。

5.2.3　淘汰黄标车

根据《大气污染防治行动计划》的相关规定，要淘汰 2005 年底前注册的中国范围内的黄标车，各地政府会制定相应政策给予一定淘汰补贴。黄标车主要分为货运车、客运车、1.35 升及以上排量轿车、1 升（不含）至 1.35 升（不含）排量轿车和 1 升及以下排量轿车、专项作业车这几类。每年淘汰的黄标车数量需要通过实地调研得到，一般地区黄标车的补贴分为两种，一种是按车型补贴，一种是按空车质量补贴。

$$SC_i = \sum_j YC_{i,j} \times YN_{i,j} \qquad (\text{附 11})$$

式中，S_i 为 i 地区黄标车淘汰补贴的总额（万元）；$YC_{i,j}$ 为 i 地区 j 类黄标车补贴额（万元/辆）；$YS_{i,j}$ 为 i 地区 j 类黄标车淘汰数量（辆）。

若按空车质量补贴，则为方便计算，假设每类型空车质量分为 0～5t、5～10t、10～15t、超过 15t 共 4 类，每类黄标车数量通过实地调研获取。

$$SC_i = \sum_w YC_{i,w} \times YN_{i,w} \qquad (\text{附 12})$$

式中，S_i 为 i 地区黄标车淘汰补贴的总额（万元）；$YC_{i,w}$ 为 i 地区空车重为 w 类黄标车补贴额（万元/吨）；$YN_{i,w}$ 为 i 地区空车重为 w 类黄标车需淘汰总质量（吨）。

5.3 工业企业污染治理

5.3.1 火电

火电厂进行的污染治理主要包括脱硫、脱硝、除尘、除汞 4 项改造。在进行工业污染治理投资需求核算时，4 种改造都要考虑，每种改造分别包括一次性投资与运营成本，为方便计算，可将其折算成各种系数，如每千瓦时脱硫运行成本、每 SO_2 削减量脱硫运行成本等，具体系数种类按照当地所有的统计数据进行选择。建设投资与运营成本需通过实地调研获取数据。投资核算公式如没特殊解释，公式则同式（附 13）。

$$CC_{Ds,i} = \sum_k \left[CC_{Ds,i,k} \times \left(IC_i \times \mu_{i,k} - IC_{R,i,k} \right) \right] \qquad (\text{附 13})$$

$$OC_{Ds,i} = \sum_k \left(OC_{Ds,i,k} \times GC_{T,i} \times \mu_{i,k} \right) \qquad (\text{附 14})$$

式中，$CC_{Ds,i}$ 为 i 地区火电行业脱硫一次性投资总额（万元）；$CC_{Ds,i,k}$ 为 i 地区 k 种脱硫方式的单位装机量脱硫改造投资成本（万元/兆瓦）；IC_i 为 i 地区总装机量（兆瓦）；$\mu_{i,k}$ 为 i 地区进行 k 种脱硫方式脱硫设备的改造比例（%）；$IC_{R,i,k}$ 为 i 地区 k 种脱硫方式已投运脱硫设施的火力发电装机量（兆瓦）；$OC_{Ds,i}$ 为 i 地区火电行业脱硫治理运行成本总额（万元）；$OC_{Ds,i,k}$ 为 i 地区 k 种脱硫方式的单位发电量脱硫年度运行成本（万元/兆瓦）；$GC_{T,i}$ 为 i 地区总发电量（兆瓦）。

$$CC_{Dn,i} = \sum_k \left(C_{Dn,i,k} \times IC_i \times \mu_{i,k} \right) \qquad (\text{附 15})$$

$$OC_{Dn,i} = \sum_k \left(OC_{Dn,i,k} \times GC_{T,i} \times \mu_{i,k} \right) \qquad (\text{附 16})$$

式中，$CC_{Dn,i}$ 为 i 地区火电行业脱硝一次性投资总额（万元）；$CC_{Dn,i,k}$ 为 i 地区 k 种脱硝方式的单位装机量脱硝改造一次性投资成本（万元/兆瓦）；IC_i 为 i 地区总装机量（兆瓦）；$\mu_{i,k}$ 为 i 地区进行 k 种脱硝方式脱硫设备的改造比例（%）；$OC_{Dn,i}$ 为 i 地区火电行业脱硝运行成本总额（万元）；$OC_{Dn,i,k}$ 为 i 地区 k 种脱硝方式的单位发电量脱硝年度成本（万元/兆瓦）；$GC_{T,i}$ 为 i 地区总发电量（兆瓦）。

$$CC_{DD,i} = \sum_k \left(CC_{DD,i,k} \times IC_i \times \mu_{i,k} \right) \qquad (附 17)$$

$$OC_{DD,i} = \sum_k \left(OC_{DD,i,k} \times GC_{T,i} \times \mu_{i,k} \right) \qquad (附 18)$$

式中，$CC_{DD,i}$ 为 i 地区火电行业除尘一次性投资总额（万元）；$CC_{DD,i,k}$ 为 i 地区采用 k 种除尘方式单位装机量除尘改造成本（万元/兆瓦）；IC_i 为 i 地区总装机量（兆瓦）；$\mu_{i,k}$ 为 i 地区进行 k 种除尘方式的除尘设备的改造比例（%）；$OC_{DD,i}$ 为 i 地区火电行业除尘运行成本总额（万元）；$OC_{DD,i,k}$ 为 i 地区 k 种除尘技术除尘改造单位发电量运行成本（万元/兆瓦）；$GC_{T,i}$ 为 i 地区总发电量（兆瓦）。

5.3.2 钢铁

钢铁厂进行的污染治理主要包括烧结机与球团脱硫除尘改造。在进行工业污染治理投资需求核算时，每种改造投资分别包括一次性投资费用与运行维护成本。

$$CC_{Ds,i} = \sum_k CC_{Ds,i,k} \times \left(S_i \times \mu_{i,k} - S_{R,i,k} \right) \qquad (附 19)$$

$$OC_{Ds,i} = \sum_k \left(OC_{Ds,i,k} \times S_i \times \mu_{i,k} \right) \qquad (附 20)$$

式中，$CC_{Ds,i}$ 为 i 地区钢铁行业烧结机脱硫一次性投资总额（万元）；$CC_{Ds,i,k}$ 为 i 地区 k 种脱硫技术的单位面积烧结机脱硫设备一次性投资成本（万元/平方米）；S_i 为 i 地区烧结机总面积（平方米）；$\mu_{i,k}$ 为 i 地区 k 种脱硫技术的烧结机脱硫的投运率（%）；$S_{R,i,k}$ 为 i 地区 k 种脱硫技术的已投运脱硫设备烧结机面积（平方米）；$OC_{Ds,i}$ 为 i 地区钢铁行业烧结机脱硫运行成本总额（万元）；$OC_{Ds,i,k}$ 为 i 地区 k 种脱硫技术的单位面积烧结机脱硫年度成本（万元/平方米）。

$$CC_{Dp,i} = \sum_k CC_{Dp,i,k} \times \left(GC_{T,i} \times \mu_{i,k} - GC_{R,i,k} \right) \qquad (附 21)$$

$$OC_{Dp,i} = \sum_k \left(OC_{Dp,i,k} \times GC_{T,i} \times \mu_{i,k} \right) \qquad (附 22)$$

式中，$CC_{Ds,i}$ 为 i 地区钢铁行业球团脱硫一次性投资总额（万元）；$CC_{Dp,i,k}$ 为 i 地区 k 种脱硫技术的单位产能脱硫改造成本（万元/万吨）；$GC_{T,i}$ 为 i 地区钢铁行业总产能（万吨）；$\mu_{i,k}$ 为 i 地区 k 种脱硫技术的球团脱硫改造设备投运率（%）；$GC_{R,i,k}$ 为 i 地区 k 种脱硫技术的已投运脱硫设施球团产能（万吨）；$OC_{Dp,i}$ 为 i 地区钢铁行业球团脱硫运行成本总额（万元）；$OC_{Dp,i,k}$ 为 i 地区 k 种脱硫技术的单位产能球团脱硫年度成本（万元/万吨）。

5.3.3　水泥

水泥厂进行的污染治理设施改造主要包括降氮脱硝和除尘设备改造。在进行工业污染治理投资需求核算时，每种改造分别包括一次性投资费用与运行维护成本。低氮改造运行成本几乎为零，可忽略不计。为方便计算，可将其化为各种折算系数（如每吨水泥生产量脱硫运行成本、单位 NO_x 削减量脱硫运行成本等），折算系数类型依据当地可获得统计数据进行选择。

$$CC_{Dn,i} = \sum_j \left[CC_{LN,i,j} \times \left(GC_i \times \mu_{LN,i,j} - GC_{LN,R,i,j} \right) \right]$$
$$+ \sum_k \left[CC_{Dn,i,k} \times \left(GC_i \times \mu_{Dn,i,k} - GC_{Dn,R,i,k} \right) \right] \qquad （附23）$$

$$OC_{Dn,i} = \sum_j \left(AC_{Dn,i,k} \times GC_i \times \mu_{Dn,i,k} \right) \qquad （附24）$$

式中，$CC_{Dn,i}$ 为 i 地区水泥行业低氮脱硝改造一次性投资总额（万元）；$CC_{LN,i,j}$ 为 i 地区 j 种降氮方式单位产能投资额（万元/万吨）；GC_i 为 i 地区水泥行业总产能（万吨）；$\mu_{LN,i,j}$ 为 i 地区 j 种降氮方式的降氮设施投运率（%）；$GC_{LN,R,i}$ 为 i 地区 j 种降氮方式已投运降氮设施的产能（万吨）；$CC_{Dn,i,k}$ 为 i 地区 k 种脱硝方式单位产能投资额（万元）；$\mu_{Dn,i,k}$ 为 i 地区 k 种脱硝方式的脱硝设施投运率（%）；$GC_{Dn,R,i,k}$ 为 i 地区 k 种脱销方式的已投运脱硝设施的产能（万吨）；$OC_{Dn,i}$ 为 i 地区水泥行业脱硝运行成本总额（万元）；$AC_{Dn,i,k}$ 为 i 地区 k 种脱硝方式单位产能脱硝成本（万元/万吨）。

$$CC_{DD,i} = \sum_k \left[CC_{DD,i,k} \times \left(O_i \times \mu_{i,k} - O_{DD,R,i,k} \right) \right] \qquad （附25）$$

$$OC_{DD,i} = \sum_k \left(OC_{DD,i,k} \times O_i \times \mu_{i,k} \right) \qquad （附26）$$

式中，$CC_{DD,i}$ 为 i 地区水泥行业除尘治理一次性投资总额（万元）；$CC_{DD,i,k}$ 为 i 地区采用 k 种除尘方式单位产能除尘改造成本（万元/万吨）；O_i 为 i 地区水泥行业总产能（万吨）；$OC_{DD,R,i,k}$ 为 i 地区已投运 k 种除尘设备的产能（万吨）；$\mu_{i,k}$ 为 i 地区 k 种除尘方式的除尘设备投运率（%）；$OC_{DD,i}$ 为 i 地区水泥行业除尘运行成本总额（万元）；$OC_{DD,i,k}$ 为 i 地区 k 种除尘技术除尘改造单位产能运行成本（万元/万吨）。

5.3.4　有色金属

有色金属冶炼厂进行的污染治理主要包括脱硫、脱硝、除尘、制酸 4 项改造。在进行工业污染治理投资需求核算时，4 种改造都要考虑，每种改造分别包括 1 次性投资与运营成本，为方便计算，可将其折算成各种系数，如每 SO_2 削减量脱硫运行成本等，具体系数种类按照当地所有的统计数据进行选择。建设投资与运营成本需通过实地调研获取数据。核算投融资时，如没特殊解释的公式则同式（附 27）：

$$CC_{Ds,i} = \sum_j \sum_k CC_{Ds,i,j,k} \times \left(GC_{i,j} \times \mu_{i,j,k} - GC_{R,i,j,k} \right) \tag{附 27}$$

$$OC_{Ds,i} = \sum_j \sum_k OC_{Ds,i,j,k} \times \left(GC_{i,j} \times \mu_{i,j,k} - GC_{R,i,j,k} \right) \tag{附 28}$$

式中，$CC_{Ds,i}$ 为 i 地区有色金属行业脱硫一次性投资总额（万元）；$CC_{Ds,i,j,k}$ 为 i 地区 j 种金属采用 k 种脱硫技术单位产能脱硫改造成本（万元/万吨）；$GC_{i,j}$ 为 i 地区 j 种金属总产能（万吨）；$\mu_{i,j,k}$ 为 i 地区 j 种金属采用 k 种脱硫技术的脱硫设施投运率(%)；$GC_{R,i,j,k}$ 为 i 地区 j 种金属已采用 k 种脱硫技术的投运产能(万吨)；$OC_{Ds,i}$ 为 i 地区有色金属行业脱硫运行成本总额（万元）；$OC_{Ds,i,j,k}$ 为 i 地区 j 种金属采用 k 种脱硫技术的单位脱硫成本（万元/万吨）。

$$OC_{Dn,i} = \sum_j \sum_k C_{Dn,i,j,k} \times \left(GC_{i,j} \times \mu_{Dn,i,j,k} - GC_{Dn,i,j,k} \right) \tag{附 29}$$

$$A_{CDn,i} = \sum_j \sum_k AC_{Dn,i,j,k} \times GC_{i,j} \times \mu_{Dn,i,j,k} \tag{附 30}$$

式中，$OC_{Dn,i}$ 为 i 地区有色金属行业脱硝一次性投资总额（万元）；$C_{Ds,i,j,k}$ 地区 j 种金属采用 k 种脱硝技术单位产能脱硝改造成本（万元/万吨）；$GC_{i,j}$ 为 i 地区 j 种金属总产能（万吨）；$\mu_{Dn,i,j,k}$ 为 i 地区 j 种金属采用 k 种脱硝技术的脱硝设备投运（%）；$GC_{Dn,i,j,k}$ 为 i 地区 j 种金属已采用 k 种脱硝技术的产能（万吨）；$AC_{Dn,i}$ 为 i 地区有色金属行业脱硝运行成本总额（万元）；$AC_{Dn,i,j,k}$ 为 i 地区 j 种金属采用 k 种脱硝技术单位产能脱硝成本（万元/万吨）。

$$CC_{Dd,i} = \sum_j \sum_k \left(CC_{Dd,i,j,k} \times O_{i,j} \times \mu_{i,j,k} \right) \tag{附 31}$$

$$OC_{Dd,i} = \sum_j \sum_k \left(OC_{Dd,i,j,k} \times O_{i,j} \times \mu_{i,j,k} \right) \tag{附 32}$$

式中，$CC_{Dd,i}$ i 地区有色金属行业除尘一次性改造投资总额（万元）；$CC_{Dd,i,j,k}$ 为 i 地区 j 种金属采用 k 种除尘方式单位产能除尘建设成本（万元/万吨）；$O_{i,j}$ 为 i 地区 j 种金属行业总产能（万吨）；$\mu_{i,j,k}$ 为 i 地区 j 种金属 k 种除尘方式的除尘设备投运率（%）；$OC_{Dd,i}$ 为 i 地区有色金属行业除尘改造运行成本（万元）；$OC_{Dd,i,j,k}$ 为 i 地区 j 种金属 k 种除尘技术改造后的运行成本（万元/万吨）。

$$CC_{Da,i} = \sum_j \sum_k (CC_{Da,i,j,k} \times O_{i,j} \times \mu_{i,j,k}) \qquad （附33）$$

$$OC_{Da,i} = \sum_j \sum_k (OC_{Da,i,j,k} \times O_{i,j} \times \mu_{i,j,k}) \qquad （附34）$$

式中，$CC_{Da,i}$ 为 i 地区有色金属行业制酸改造一次性投资成本（万元）；$CC_{Da,i,j,k}$ 为 i 地区 j 种有色金属 k 种制酸方式的单位产能制酸建设成本（万元/万吨）；$O_{i,j}$ 为 i 地区 j 种有色金属总产能（万吨）；$\mu_{i,j,k}$ 为 i 地区 j 种有色金属第 k 种制酸方式的制酸设备投运率（%）；$OC_{Da,i}$ 为 i 地区有色金属行业制酸改造运行成本（万元）；$OC_{Da,i,j,k}$ 为 i 地区 j 种有色金属第 k 种制酸方式的单位产能年度运行成本（万元/万吨）

5.3.5 石油化工

石油化工行业的污染治理设备改造内容主要包括催化裂化装置脱硫改造和油气回收两部分，油气回收则又分为储油罐回收、油罐车回收和加油站回收。为方便计算，可将其化为各种折算系数（如每吨油气回收量运行成本、单位 SO_2 削减量脱硫运行成本等），折算系数类型依据当地可获得统计数据进行选择。

$$CC_{Ds,i} = \sum_k \left[CC_{Ds,i,k} \times \left(GC_i \times \mu_{i,k} - GC_{R,i,k} \right) \right] \qquad （附35）$$

$$CC_{Ds,i} = \sum_k \left[OC_{Ds,i,k} \times \left(GC_i \times \mu_{i,k} - GC_{R,i,k} \right) \right] \qquad （附36）$$

式中，$CC_{Ds,i}$ 为 i 地区石化行业一次性投资总额（万元）；$CC_{Ds,i,k}$ 为 i 地区采用第 k 种脱硫方式单位产能脱硫改造成本（万元/万吨）；GC_i 为 i 地区石油化工行业总产能（万吨）；$\mu_{i,k}$ 为 i 地区采用 k 种脱硫方式的脱硫设备投运率（%）；$GC_{R,i,k}$ 为 i 地区已采用 k 种脱硫方式的产能（万吨）；$OC_{Ds,i}$ 为 i 地区石化行业运行成本（万元）；$OC_{Ds,i,k}$ 为 i 地区 k 种脱硫方式单位产能脱硫年度成本（万元/万吨）。

$$CC_{OVR,i} = \sum_j (CC_{OVR,i,j} \times N_{i,j}) \qquad （附37）$$

$$OC_{OVR,i} = \sum_j (OC_{OVR,i,j} \times R_{i,j}) \qquad （附38）$$

式中，$CC_{OVR,i}$ 为 i 地区油气回收一次性投资总额（万元）；$CC_{OVR,i,j}$ 为 i 地区 j 行业部门（加油站、储油库、油罐车）油气回收一次性投资成本[万元/台（套）]；$N_{i,j}$ 为 i 地区 j 行业部门需改造设备个数[台（套）]；$OC_{OVR,i}$ 为 i 地区油气回收运行成本总额（万元）；$OC_{OVR,i,j}$ 为 i 地区 j 行业部门单位油气回收量的运行成本（万元/吨）；$R_{i,j}$ 为 i 地区 j 行业部门油气回收量（吨）。

5.4 企业技术改造

工业园区集中供热改造工程主要考虑在建工业园区热电联产项目。根据《大气污染防治行动计划》的相关要求、政府文件资料，并结合文献调研对所获得的热电联产项目总数进行核算。

$$CC_i = \sum_j (CC_j \cdot Cap_{i,j}) \qquad （附39）$$

式中，CC_i 为 i 地区工业园区集中供热改造的一次性投资成本（万元）；CC_j 为 j 工业园单位机组容量热电联产项目的一次性投资成本（万元/兆瓦）；$Cap_{i,j}$ 为 i 地区 j 工业园热电联产项目机组总容量（兆瓦）。

6. 大气污染防治行动计划实施的投资需求核算保障机制

根据大气污染防治投资核算的重要性和紧迫性，建议由地方政府各部门联合开展大气污染防治行动计划实施的投资核算工作。

6.1 组织保障

大气污染防治行动计划投融资核算任务涉及多个行业及部门，工作系统性和综合性很强，需要改革和协调的问题很多，单一部门难以完成，建议成立大气污染防治行动计划工作领导小组，并专门设置投融资测算办公室，可隶属于环保部门或财政部门，组织各部门共同推进。各地区、各有关部门要进一步明确分工，强化工作责任，紧密结合本地实际和本部门职能，密切协调配合。

6.2 制度保障

投融资测算办公室负责制定和完善大气污染防治行动计划投资核算实施方案，方案需明确投资范围、投资对象、投资方式、投资标准、资金渠道、审核检查办法等内容，具体测算工作可由投融资测算办公室统筹协调有关部门开展。进一步落实部门责任、整合资源、完善政策，保障资金渠道。统筹资金使用，提高资金使用效率。

6.3 资金保障

建立和完善多元化融资渠道，大气污染防治行动计划实施的资金主要依政府财政投入和市场途径资金。在财政投入上，以中央财政权与地方财政权的合理配置为依据，对确定的重点任务，由中央财政、地方财政等途径共同出资。在市场调控上，从资源开发企业或个人收入中提取部分资金用于大气污染防治是最直接和有效的手段。此外，在公众参与力度越来越大的背景下应该积极鼓励和吸引社会捐赠。建立资金监管机制，监督资金使用，提高资金使用效率。

6.4 技术保障

对于一些问题严重、投资需求大的地方，靠当地难以满足大气行动计划投资需求。要积极争取国家、省级资金，从政策、资金、装备、技术服务等方面对大气污染防治行动计划实施的业务用房、仪器配备、应急能力、队伍建设、人员培训、宣教统计等方面给予大力支持，同时建立完善干部交流机制、人才引进机制，切实提升基层环保监管能力，加强大气污染防治行动计划实施的投资测算专门人才培训。

6.5 社会保障

充分利用广播、电视、报刊、网络、宣传栏等媒体，采取多种形式加大政策宣传和培训力度，讲政策、抓贯彻、促落实，向社会广泛宣传大气污染防治的目的、意义、宗旨和目标，提高社会各方对大气污染防治投融资测算工作认识，激发他们积极参与大气污染防治工作的热情。要认真听取社会各方面意见，充分发挥科研机构和专家学者的积极作用，促进大气污染防治投资测算的科学性与准确性。积极发动、组织引导各方参与大气污染防治工作。

附件 2 《大气污染防治行动计划》投融资需求的核算数据参数与表格

以下是大气行动计划投融资需求测算方法相对应的核算数据表格。

附表 1 各地燃煤锅炉淘汰投资核算表

地区	锅炉补贴/(元/蒸吨)	锅炉淘汰量	总蒸吨数量	总计/万元

附表 2 各地改造燃煤锅炉投资核算表

			10～20 蒸吨/时	>20 蒸吨/时
基本情况		已改造数量		
		需改造数量		
	改造技术	生物质成型燃料		
		脱硫		
		除尘		
		年运行时间/时		
		烟气量/（立方米/时）		
		改造率		
一次性投资		设备购置		
		安装费		
		工程技术服务费		
		其他[1]		
		合计/万元		
运行成本		年燃料费用		
		年用电费		
		年维修费		
		年人工费		
		燃料、废渣运输费用		
		折旧费[2]		
		其他[2]		
		合计/（万元/年）		

续表

		10～20 蒸吨/时		>20 蒸吨/时
污染物减排情况		改造后烟尘消减量		
		改造后 SO_2 消减量		
		改造后 NO_x 消减量		
核算系数		/（蒸吨/时）锅炉改造成本		
	总计/（万元/年）			
	您认为政府应采用何种污染物治理补贴及奖励措施？			
	您期望政府给予的补贴金额为？			

注：1.其他一次性投资或运行成本如有请注明；2. 请注明折旧年限

附表3　各地煤炭清洁利用投资核算表

			1	2	3
洗煤厂情况		洗煤工艺			
		精煤用途 [3]			
		入厂原煤/万吨			
		入厂原煤发热量/（兆焦/千克）			
		外运精煤/万吨			
		外运精煤发热量/（兆焦/千克）			
		洗耗率			
一次性投资		设备购置			
		工程建筑			
		安装费			
		工程技术服务费			
		其他 [1]			
		合计/万元			
运行成本		入选原煤成本			
		药剂			
		水费			
		动力费			
		人工费			
		维修费			
		辅助材料费			
		管理成本			
		折旧费 [2]			
		其他 [2]			
		合计/（万元/年）			

续表

		1	2	3
污染物减排情况	烟尘产生量			
	烟尘削减量			
	烟尘排放量			
核算系数	每吨原煤提高1%洗煤率成本/（元/吨/%）			
	总计/（万元/年）			
	您认为政府应采用何种污染物治理补贴及奖励措施？			
	您期望政府给予的补贴金额为？			

注：1.其他一次性投资或运行成本如有请注明；2.请注明折旧年限；3.煤炭类型：动力煤或化工煤等

附表4 各地公交车投资核算表

			车型	6米车	8.3米车	10米车	11米车
基本情况			营运总里程/（千米/天）				
	每公里能耗		电力				
			柴油				
			天然气				
			汽油				
一次性投资	车辆购置费		每年新增数量				
			单价/（万元/辆）				
			小计/（万元/年）				
	其他[1]						
	合计/万元						
运营投资	运营人工费		员工人数				
			年人均工资				
			小计/（万元/年）				
	能耗成本	电力	日均消耗量/（千瓦·时/辆）				
			单价/元				
			小计/万元				
		柴油	日均消耗量/（升/辆）				
			单价/元				
			小计/万元				
		汽油	日均消耗量/（升/辆）				
			单价/元				
			小计/万元				
		天然气	日均消耗/（立方米/辆）				
			单价/元				
			小计/万元				

续表

车型		6 米车	8.3 米车	10 米车	11 米车
运营投资	保修费/（万元/年）				
	折旧费/（万元/年）[2]				
	轮胎费/（万元/年）				
	事故损失费/（万元/年）				
	其他[2]				
	合计/（万元/年）				
总计/（万元/年）					

注：1.一次性投资或运营投资有其他项请注明；2.折旧费请注明折旧年限

附表 5　各地公交相应配套设施投资核算表

	类型		加油站	停车场
基本情况	占地面积			
	员工人数			
	年运行时间			
	年加油量			
	年规划新增数量			
一次性投资	设备购置费			
	土建费			
	工程费			
	其他[1]			
	合计/万元			
运行成本	人工费	年人均工资		
		年工作人数		
		小计		
	年水费			
	年电费			
	年维修费			
	折旧费[2]			
	其他[2]			
	合计/（万元/年）			
核算系数	每平方米成本（元/平方米）			
总计/（万元/年）				

注：1. 一次性投资或运营投资有其他项请注明；2. 折旧费请注明折旧年限

附表 6 各地燃气汽车投资核算表

			液化天然气汽车（LNG）		
		车型	重卡	公交车	轿车
基本情况		发动机型号			
		发动机功率/千瓦			
		100 千米消耗燃料			
		日均行驶里程/千米			
		低热值/（兆焦/立方米）			
		年均运行时间/天			
一次性投资	车辆购置费	每年新增数量			
		单价/（元/年）			
	改装车	气瓶数量/个			
		气瓶容量/升			
		发动机/元			
	其他 1				
	合计/万元				
运营成本投资	人工费	员工人数			
		年人均工资			
		小计/（元/年）			
	年养路费/元				
	年保险费/元				
	燃料费用/（元/天）				
	年维修费/元				
	年保养费/元				
	年折旧费/元 2				
	其他 2				
	合计/万元				
总计/（万元/每年）					

注：1.一次性投资或运营投资有其他项请注明；2.折旧费请注明折旧年限

附表 7 各地电力汽车投资核算表

		插电混合动力汽车		纯电动汽车	
	车型	公交车	轿车	公交车	轿车
基本情况	运行率/（千米/天）				
	耗电量/（千瓦·时/千米）				

续表

			插电混合动力汽车	纯电动汽车
一次性投资	车辆购置费	每年新增数量		
		单价		
	其他[1]			
	合计/万元			
运行成本	电价			
	营运人工费	员工人数		
		年人均工资		
		小计/（万元/年）		
	年维修费/元			
	年保养费/元			
	年养路费/元			
	年保险费/元			
	年折旧费/元[2]			
	其他[2]			
	合计/（万元/年）			
	总计/万元			

注：1. 一次性投资或运营投资有其他项请注明；2. 折旧费请注明折旧年限

附表 8　各地充电站投资核算表

		类型	1	2	3
基本情况		占地面积			
		员工人数			
		年运行时间			
		年加电量/立方米			
一次性投资		年规划新增数量			
		设备购置费			
		土建费			
		工程费			
		其他[1]			
		合计/万元			
运行成本	人工费	年人均工资			
		年工作人数			
		小计			

续表

运行成本	年水费				
	年电费				
	年维修费				
	折旧费 ^{2}				
	其他 ^{2}				
	合计/（万元/年）				
核算系数	每平方米成本/（元/平方米）				
	总计/（万元/年）				

注：1.一次性投资或运营投资有其他项请注明；2.折旧费请注明折旧年限

附表9　各地加气站投资核算表

		类型	1	2	3
基本情况		占地面积			
		员工人数			
		年运行时间			
		储罐量/立方米			
		年运气量/立方米			
		年加气量/立方米			
		年规划新增数量			
一次性投资		设备购置费			
		土建费			
		工程费			
		其他 ^{1}			
		合计/万元			
运行成本	人工费	年人均工资			
		年工作人数			
		小计			
	年水费				
	年电费				
	年维修费				
	运气费	单位体积运气费			
		年运气费			
	折旧费 ^{2}				
	其他 ^{2}				
	合计/（万元/年）				
核算系数		每平方米成本/（元/平方米）			
		总计/（万元/年）			

注：1.一次性投资或运营投资有其他项的请注明；2.折旧费请注明折旧年限

附表 10   各地黄标车补贴核算表（按车类型分）

类别			补贴金额/（元/辆）	比例系数/%	淘汰量/辆	合计/万元
转出市外黄标车						
提前报废黄标车	货运车	重型				
		中型				
		轻型				
		微型				
	客运车	大型				
		中型				
		小型（不含轿车）				
		微型（不含轿车）				
	1.35 升及以上排量轿车					
	1 升（不含）至 1.35 升（不含）排量轿车					
	1 升及以下排量轿车、专项作业车					
总计/万元						

附表 11   各地黄标车补贴核算表（按空车质量分）

空车质量	补贴金额/（元/吨）	比例系数/%	淘汰量/辆	合计/万元
0～5t				
5～10t				
10～15t				
>15t				
总计				

附表 12   各地火电厂脱硫投资核算表

		30万千瓦		60万千瓦		100万千瓦	
		1	2	1	2	1	2
电厂情况	电厂名称						
	机组容量/兆瓦						
	年发电量/万千瓦·时						
	煤炭含硫量/%						
	烟气量/（立方米/时）						
脱硫项目情况	脱硫技术						
	脱硫机组容量						
	年均发电量/n						
	脱硫效率/%						
	脱硫设施投运率						

续表

		30万千瓦		60万千瓦		100万千瓦	
		1	2	1	2	1	2
脱硫建设成本/万元	设备购置						
	工程建筑						
	安装费						
	工程技术服务费						
	其他[1]						
脱硫运行成本/（万元/年）	脱硫剂						
	用水						
	用电						
	蒸汽费						
	年维修费						
	年人工费						
	脱硫副产物处理						
	折旧费[2]						
	其他[2]						
财务费（万元/年）	长期借款利息						
	流动资金借款利息						
污染物减排情况	入口SO_2浓度						
	出口SO_2浓度						
	出口含尘量						
	SO_2产生量						
	SO_2削减量						
	SO_2排放量						
成本汇总	脱硫折旧成本/（万元/兆瓦）						
	脱硫运行成本SO_2削减量/（元/吨）						
	脱硫运行成本发电量/（元/千瓦·时）						
您认为政府应采用何种污染物治理补贴及奖励措施？							
您期望政府给予的补贴金额为？							

注：1.其他运行成本如有请注明；2.请注明折旧年限

附表 13　各地火电厂脱硝投资核算表

		30万千瓦		60万千瓦		100万千瓦	
		1	2	1	2	1	2
电厂情况	电厂名称						
	机组容量/兆瓦						
	年发电量/万千瓦·时						

续表

			30万千瓦		60万千瓦		100万千瓦	
			1	2	1	2	1	2
脱硝项目情况		脱硝技术						
		脱硝项目类型[1]						
		脱硝机组容量						
		年运行时间						
		脱硝效率/%						
		脱硝设施投运率						
脱硝建设成本		设备购置						
		工程建筑						
		安装费						
		工程技术服务费						
		其他[1]						
		合计						
脱硝运行成本（万元/年）		还原剂						
		催化剂						
		用水						
		用电						
		备品备件及材料费用						
		年维修费						
		年人工费						
		折旧费[2]						
		其他[2]						
		合计						
污染物减排情况		入口NO_x浓度						
		出口NO_x浓度						
		出口含尘量						
		NO_x产生量						
		NO_x削减量						
		NO_x排放量						
成本汇总		脱硝折旧成本/（万元/兆瓦）						
		脱硝运行成本NO_x削减量/（元/吨）						
		脱硝运行成本发电量/（元/千瓦·时）						
您认为政府应采用何种污染物治理补贴及奖励措施？								
您期望政府给予的补贴金额为？								

注：1.其他运行成本如有请注明；2.请注明折旧年限

附表 14　各地火电厂除尘投资核算表

		30 万千瓦		60 万千瓦		100 万千瓦	
		1	2	1	2	1	2
电厂情况	电厂名称						
	机组容量/兆瓦						
	年发电量/万千瓦·时						
除尘项目情况	除尘技术						
	除尘机组容量						
	年运行时间						
	除尘效率/%						
	除尘投运率						
除尘建设成本/万元	设备购置						
	工程建筑						
	安装费						
	工程技术服务费						
	其他 1						
	合计						
除尘运行成本/（万元/年）	滤袋、笼骨的更换费用						
	电耗						
	人工费						
	修理费						
	折旧费						
	其他 2						
	合计						
污染物减排情况	入口烟尘浓度						
	出口烟尘浓度						
	烟尘产生量						
	烟尘削减量						
	烟尘排放量						
成本汇总	除尘折旧成本/（万元/兆瓦）						
	除尘运行成本烟尘削减量/（元/吨）						
	除尘运行成本发电量/（元/千瓦·时）						
您认为政府应采用何种污染物治理补贴及奖励措施？							
您期望政府给予的补贴金额为？							

注：1.其他运行成本如有请注明；2.请注明折旧年限

附表 15 各地火电厂除汞投资核算表

		30 万千瓦		60 万千瓦		100 万千瓦	
		1	2	1	2	1	2
电厂情况	电厂名称						
	机组容量/兆瓦						
	年发电量/万千瓦时						
除汞项目情况	除汞技术						
	除汞机组容量						
	年运行时间						
	除汞效率/%						
	除汞投运率						
除汞建设成本	设备购置						
	工程建筑						
	安装费						
	工程技术服务费						
	其他[1]						
除汞运行成本	催化剂						
	吸附剂						
	折旧费[2]						
	年维修费						
	年人工费						
	其他[2]						
污染物减排情况	入口烟气汞浓度						
	出口烟气汞浓度						
	烟气汞产生量						
	烟气汞削减量						
	烟气汞排放量						
成本汇总	除汞折旧成本/（万元/兆瓦）						
	除汞运行成本烟尘削减量/（元/吨）						
	除汞运行成本发电量/（元/千瓦时）						
您认为政府应采用何种污染物治理补贴及奖励措施？							
您期望政府给予的补贴金额为？							

注：1. 其他运行成本如有请注明；2. 请注明折旧年限

附表 16 各地钢铁厂烧结机脱硫投资核算表

		1	2	3
烧结机情况	钢铁厂名称			
	烧结机类型			
	烧结机总面积/平方米			
	烧结机产能/（万吨/年）			
	烟气量/（立方米/时）			
脱硫项目情况/万元	脱硫技术			
	脱硫项目类型 [1]			
	脱硫机组容量			
	年运行时间			
	脱硫效率/%			
	脱硫设施投运率/%			
脱硫建设成本/万元	设备购置			
	工程建筑			
	安装费			
	工程技术服务费			
	其他 [2]			
财务费/万元	长期借款利息			
	流动资金借款利息			
脱硫运行成本/（万元/年）	脱硫剂			
	用水			
	用电			
	年维修费			
	年人工费			
	压缩空气消耗			
	脱硫副产物处理			
	运营管理			
	折旧费 [3]			
	其他 [3]			
污染物减排情况	入口 SO_2 浓度			
	出口 SO_2 浓度			
	出口含尘量			
	SO_2 产生量/吨			
	SO_2 削减量/吨			
	SO_2 排放量/吨			

续表

		1	2	3
成本汇总	脱硫运行成本 SO₂ 消减量/（万元/吨）			
	脱硫折旧成本（万元/立方米）			
	脱硫运行成本/（元/吨）			
您认为政府应采用何种污染物治理补贴及奖励措施？				
您期望政府给予的补贴金额为？				

注：1. 脱硫项目类型：新建或技改；2. 其他运行成本如有请注明；3. 折旧费折旧年限请注明

附表 17　各地钢铁厂球团脱硫投资核算表

		1	2	3
钢铁厂情况	钢铁厂名称			
	球团设备类型			
	球团设备总产能/（万吨/年）			
	烟气量 /（立方米/时）			
脱硫项目情况	脱硫技术			
	脱硫项目类型 [1]			
	脱硫机组容量			
	年运行时间			
	脱硫效率/%			
	脱硫设施投运率/%			
脱硫建设成本/万元	设备购置			
	工程建筑			
	安装费			
	工程技术服务费			
	其他 [2]			
	折旧年限			
财务费/（万元/年）	长期借款利息			
	流动资金借款利息			
脱硫运行成本/（万元/年）	脱硫剂			
	用水			
	用电			
	年维修费			
	年人工费			
	脱硫副产物处理			
	运营管理			
	折旧费 [3]			
	其他 [3]			

续表

		1	2	3
污染物减排情况	入口 SO$_2$ 浓度			
	出口 SO$_2$ 浓度			
	出口含尘量			
	SO$_2$ 产生量/吨			
	SO$_2$ 削减量/吨			
	SO$_2$ 排放量/吨			
成本汇总	脱硫折旧成本万元/m^3			
	脱硫运行成本 SO$_2$ 削减量/（元/吨）			
	脱硫运行成本/（元/吨）			
您认为政府应采用何种污染物治理补贴及奖励措施？				
您期望政府给予的补贴金额为？				

注：1.脱硫项目类型：新建或技改；2.其他运行成本如有请注明；3.折旧费折旧年限请注明

附表 18 各地水泥厂低氮脱硝投资核算表

		1	2
水泥厂情况	水泥厂名称		
	机组容量/兆瓦		
	工艺类型		
	熟料产能/（万吨/年）		
	烟气量 /（立方米/时）		
脱硫项目情况	脱硝技术（炉外）[1]		
	脱硝技术（炉内）[1]		
	脱硝项目类型 [2]		
	脱硫机组容量		
	年均发电小时数		
	脱硫效率/%		
	脱硫设施投运率		
低氮、脱硝建设成本/万元	设备购置		
	工程建筑		
	安装费		
	工程技术服务费		
	其他 [3]		
脱硝运行成本/（万元/年）	催化剂		
	水耗		
	电耗		

		1	2
脱硝运行成本/（万元/年）	蒸汽消耗		
	备品备件及材料费用		
	人工费		
	修理费		
	运营管理		
	折旧费 [4]		
	其他 [4]		
污染物减排情况	入口 NO_x 浓度		
	出口 NO_x 浓度		
	出口含尘量		
	NO_x 产生量/吨		
	NO_x 削减量/吨		
	NO_x 排放量/吨		
成本汇总	脱硝投资成本/（元/兆瓦）		
	脱硝运行成本 NO_x 削减量/（元/吨）		
	脱硝运行成本熟料/（元/吨）		
您认为政府应采用何种污染物治理补贴及奖励措施？			
您期望政府给予的补贴金额为？			

注:1. 脱硝技术（炉内）主要有低氮燃烧、分级燃烧技术，炉外主要有 SCR, SNCR；2. 脱硝项目类型：新建或技改；3. 其他运行/建设成本如有请注明；4. 请注明折旧年限

附表 19　各地水泥厂除尘投资核算表

		1	2
水泥厂情况	水泥厂名称		
	机组容量/兆瓦		
	工艺类型		
	熟料产能/（万吨/年）		
	烟气量 /（立方米/时）		
除尘项目情况	除尘技术		
	除尘项目类型 [1]		
	除尘机组容量		
	年运行时间		
	除尘效率/ %		
	除尘投运率/%		

续表

		1	2
除尘建设成本/万元	设备购置		
	工程建筑		
	安装费		
	（改造）拆除费		
	工程技术服务费		
	其他[2]		
	合计		
除尘运行成本/(万元/年)	滤袋、笼骨的更换费用		
	电耗		
	人工费		
	修理费		
	折旧费[3]		
	其他[3]		
	合计		
污染物减排情况	入口烟尘浓度		
	出口烟尘浓度		
	烟尘产生量吨		
	烟尘削减量吨		
	烟尘排放量吨		
成本汇总	除尘投资成本/（万元/兆瓦）		
	除尘运行成本烟尘削减量（元/吨）		
	除尘运行成本熟料/（元/吨）		
	您认为政府应采用何种污染物治理补贴及奖励措施？		
	您期望政府给予的补贴金额为？		

注:1. 除尘项目类型：新建或技改；2. 其他运行/建设成本如有请注明；3. 请注明折旧年限

附表 20 各地有色金属厂脱硫投资核算表

		1	2
有色金属冶炼企业情况	厂名		
	冶炼产品[1]		
	产能		
	烟气量/（立方米/时）		
脱硫项目情况/万元	脱硫技术		
	脱硫项目类型[2]		

续表

		1	2
脱硫项目情况/万元	脱硫机组容量		
	年运行时间		
	脱硫效率/%		
	脱硫设施投运率/ %		
脱硫建设成本/万元	设备购置		
	工程建筑		
	安装费		
	工程技术服务费		
	其他 [3]		
财务费/万元	长期借款利息		
	流动资金借款利息		
脱硫运行成本/（万元/年）	脱硫剂		
	用水		
	用电		
	蒸汽费		
	人工费		
	维修费		
	脱硫副产物处理		
	运营管理		
	折旧费 [4]		
	其他 [4]		
污染物减排情况	入口 SO_2 浓度		
	出口 SO_2 浓度		
	出口含尘量		
	SO_2 产生量吨		
	SO_2 削减量吨		
	SO_2 排放量吨		
成本汇总	脱硫投资成本元/（立方米/时）		
	脱硫运行成本/（元/吨）		
	脱硫运行成本/（元/吨）		
您认为政府应采用何种污染物治理补贴及奖励措施？			
您期望政府给予的补贴金额为？			

注：1. 冶炼产品：如有多种产品请分别填写；2. 脱硫项目类型：新建或技改；3. 其他建设/运行成本如有请注明；4. 折旧费折旧年限请注明

附表 21 各地有色金属厂脱硝投资核算表

		1	2
有色金属冶炼企业情况	厂名		
	冶炼产品[1]		
	产能		
	烟气量/（立方米/时）		
脱硝项目情况	脱硝技术		
	脱硝项目类型[2]		
	脱硝机组容量		
	年运行时间		
	脱硝效率/%		
	脱硝设施投运率/%		
脱硝运行成本/（万元/年）	设备购置		
	工程建筑		
	安装费		
	工程技术服务费		
	其他[3]		
	折旧年限		
	合计		
脱硝运行成本/（万元/年）	还原剂		
	催化剂		
	用水		
	用电		
	备品备件及材料费用		
	维修费		
	人工费		
	折旧费[4]		
	其他[4]		
	合计		
污染物减排情况	入口 NO_x 浓度		
	出口 NO_x 浓度		
	出口含尘量		
	NO_x 产生量吨		
	NO_x 削减量吨		
	NO_x 排放量吨		

续表

		1	2
成本汇总	脱硝投资成本/（立方米/时）		
	脱硝运行成本（元/吨）		
	脱硝运行成本（元/吨）		
您认为政府应采用何种污染物治理补贴及奖励措施？			
您期望政府给予的补贴金额为？			

　　注：1. 冶炼产品：如有多种产品请分别填写；2. 脱硝项目类型：新建或技改；3. 其他建设/运行成本如有请注明；4. 折旧费折旧年限请注明

附表22　各地有色金属厂除尘投资核算表

		1	2
有色金属冶炼企业情况	厂名		
	冶炼产品[1]		
	产能		
	烟气量/（立方米/时）		
除尘项目情况	除尘技术		
	除尘项目类型[2]		
	除尘机组容量		
	年运行时间		
	除尘效率/%		
	除尘投运率		
除尘建设成本/万元	设备购置		
	工程建筑		
	安装费		
	工程技术服务费		
	其他[3]		
除尘运行成本/（万元/年）	滤袋、笼骨的更换费用		
	电耗		
	人工费		
	修理费		
	备品备件及材料消耗		
	折旧费[4]		
	其他[4]		
污染物减排情况	入口烟尘浓度		
	出口烟尘浓度		

续表

		1	2
污染物减排情况	烟尘产生量		
	烟尘削减量		
	烟尘排放量		
成本汇总	除尘投资成本/(立方米/时)		
	除尘运行成本/（元/吨）		
	除尘运行成本/（元/吨）		
您认为政府应采用何种污染物治理补贴及奖励措施？			
您期望政府给予的补贴金额为？			

注：1. 冶炼产品：如有多种产品请分别填写；2. 除尘项目类型：新建或技改；3. 其他建设或运行成本如有请注明；4. 折旧费折旧年限请注明

附表 23　各地有色金属厂制酸投资核算表

		1	2
有色金属冶炼企业情况	厂名		
	冶炼产品[1]		
	产能		
	烟气量/（立方米/时）		
制酸项目情况	烟气制酸技术		
	项目类型[2]		
	处理烟气流量/（立方米/时）		
	年运行时间		
	SO_2转化效率/%		
	成酸率/%		
	制酸设施投运率/%		
制酸建设成本/万元	设备购置		
	工程建筑		
	安装费		
	工程技术服务费		
	其他[3]		
制酸运行成本/（万元/年）	催化剂		
	水耗		
	电耗		
	蒸汽消耗		
	备品备件及材料费用		

续表

			1	2
制酸运行成本/（万元/年）		人工费		
		修理费		
		运营管理		
		折旧费 [4]		
		其他 [4]		
污染物减排情况		入口 SO_2 浓度		
		出口 SO_2 浓度		
		出口硫酸雾浓度		
		SO_2 产生量/吨		
		SO_2 削减量/吨		
		SO_2 排放量/吨		
成本汇总		制酸投资成本/[元/（立方米/时烟气量）]		
		制酸加工成本/（元/吨 SO_2 削减量）		
		硫酸加工成本/（元/吨酸）		
您认为政府应采用何种污染物治理补贴及奖励措施？				
您期望政府给予的补贴金额为？				

注：1. 冶炼产品：如有多种产品请分别填写；2. 项目类型：新建或技改；3. 其他建设/运行成本如有请注明；4. 折旧费折旧年限请注明

附表 24　各地石油化工脱硫投资核算表

			1	2
炼油厂情况		厂名		
		催化裂化装置产能/（万吨/年）		
		机组烟气量/（立方米/时）		
脱硫项目情况		脱硫技术		
		脱硫项目类型 [1]		
		年运行时间		
		脱硫效率/%		
		脱硫设施投运率		
脱硫建设成本/万元		设备购置		
		工程建筑		
		安装费		
		工程技术服务费		
		其他 [2]		
		合计		

续表

		1	2
财务费/（万元/年）	长期借款利息		
	流动资金借款利息		
脱硫运行成本/（万元/年）	脱硫剂		
	用水		
	用电		
	蒸汽费		
	年维修费		
	年人工费		
	运营管理		
	脱硫副产物处理费		
	折旧费[3]		
	其他[3]		
	合计		
污染物减排情况	入口 SO_2 浓度		
	出口 SO_2 浓度		
	SO_2 产生量吨		
	SO_2 削减量吨		
	SO_2 排放量吨		
成本汇总	脱硫建设成本/[元/（立方米/时烟气量）]		
	脱硫运行成本/（元/吨 SO_2 削减量）		
	脱硫运行成本/（元/吨产品）		
您认为政府应采用何种污染物治理补贴及奖励措施？			
您期望政府给予的补贴金额为？			

注：1.脱硫项目类型：新建或技改；2.其他运行/建设成本如有请注明；3.折旧费请注明折旧年限

附表25 各地石油化工行业油气回收投资核算表

		1	2
石化企业情况	企业名称		
	储罐容量/立方米		
	油库年周转量		
油气回收项目情况	回收技术		
	营运模式[1]		
	油气回收装置规模/（立方米/时）		
	年运行时间		

续表

		1	2
油气回收项目情况	处理效率/%		
	占地面积/平方米		
油气回收项目建设成本/万元	设备购置		
	安装费		
	设备改造		
	辅助装置		
	配套工程		
	建设单位管理费		
	工程勘察设计费		
	预备费		
	其他[2]		
	合计		
财务费用	建设期利息		
	长期借款利息		
油气回收运行成本/(万元/年)	用电		
	年维修费		
	年人工费		
	运营管理费		
	折旧费[3]		
	其他[3]		
	合计		
	回收油品价值		
污染物减排情况	回收前油气浓度		
	回收后油气浓度		
	油气回收量		
	油气排放量		
成本汇总	油气回收运行成本/(元/吨油气回收量)		
	油气回收投资成本/[元/(立方米/小时油气回收规模)]		
	油气回收投资成本/(元/吨油库周转量)		
您认为政府应采用何种污染物治理补贴及奖励措施?			
您期望政府给予的补贴金额为?			

注:1. 营运模式包括 Bot 等;2. 其他建设或运行成本如有请注明;3. 折旧年限请注明

附表 26　各地加油站油气回收投资核算表

		1	2
加油站情况	加油站名		
	年加油量/（万吨/年）		
油气回收项目情况	回收技术		
	项目类型[1]		
	回收效率/%		
油气回收项目建设成本/万元	设备购置		
	安装费		
	设备改造		
	辅助装置		
	配套工程		
	建设单位管理费		
	工程勘察设计费		
	预备费		
	其他[2]		
	合计		
财务费用	建设期利息		
	合计		
油气回收运行成本/（万元/年）	电耗		
	年维修费		
	年人工费		
	运营管理费		
	折旧费[3]		
	其他[3]		
	合计		
	回收油品价值		
污染物减排情况	回收前油气浓度		
	回收后油气浓度		
	油气回收量		
	油气排放量		
成本汇总	油气回收运行成本/（万元/吨油气回收量）		
	油气回收投资成本/（元/吨加油量）		
	您认为政府应采用何种污染物治理补贴及奖励措施？		
	您期望政府给予的补贴金额为？		

注：1. 项目类型技改或新建；2. 其他建设或运行成本如有请注明；3. 折旧年限请注明

附表 27　各地工业园区循环改造投资核算表

		1	2
工业园区概况	名称		
	园区等级		
	产业类型		
	占地面积		
	产值		
	单位 GDP 能耗		
	有色金属及钢铁循环再生比例		
循环化改造投资	优化布局		
	产业结构调整		
	构建循环经济产业链		
	提升能源利用效率 [1]		
	提升资源利用效率 [2]		
	污染集中治理		
	基础设施改造		
	运行管理费用		
	其他 [3]		
	合计		
污染物减排情况	烟尘产生量		
	烟尘削减量		
	烟尘排放量		
	SO_2 产生量		
	SO_2 削减量		
	SO_2 排放量		
	NO_x 产生量		
	NO_x 削减量		
	NO_x 排放量		
政府补助金额			
您期望政府给予的补贴金额为?			

注：1. 提升能源利用效率，包括集中供热，节能技术改造等；2. 提升资源利用效率，包括水资源，土地资源等；3. 其他成本如有请注明

附表 28 各地淘汰落后产能投资核算表

行业	生产工艺		产品类型	淘汰产能量	拆除费用	政府补贴
炼铁	高炉					
炼钢	转炉					
	电炉					
焦炭	焦炭炭化炉					
	热回收焦炉					
	常规焦炉	碳化室				
		捣固焦炉				
铁合金	硅钙（钡铝）合金电炉					
	整流变压器生产线					
	铁合金矿热电炉					
电石	电石炉					
造纸	非木浆生产线					
	化学木浆生产线					
	制浆生产线					
水泥	机械化立窑熟料生产线					
	干法中空窑熟料生产线					
	干法旋窑熟料生产线					
平板玻璃	平拉生产线					
电解铝	预焙槽					
铜冶炼	反射炉					
	电炉炼铜工艺					
	密闭鼓风炉					
印染	前处理生产线					
	后整理生产线					
	印花生产线					
	连续染色生产线					
	间歇式染色剂					
化纤	黏胶短纤生产线					
	DMF 溶剂法腈纶生产线					
	涤纶长丝生产线					
	间歇法聚酯聚合生产线					
制革	加工生皮生产线					
	加工蓝湿皮生产线					
铅蓄电池	所有生产线					

附表29　中国投资总额核算的成本参数参考表[①]

项目		单位成本	补贴	单位
改造燃煤锅炉		40	0.8	万元/蒸吨
淘汰燃煤锅炉		—	2	万元/蒸吨
天然气汽车	客运车	45	2	万元/辆
	货运车	30		万元/辆
电力汽车	纯电动公交车	160	33	万元/辆
	纯电动乘用车	25	3.5	万元/辆
	插电式公交车	71.2	20	万元/辆
	插电式乘用车	25	2.5	万元/辆
充电站		430	—	万元/个
加气站		1000	—	万元/个
黄标车		—	0.9	万元/辆
火电行业	脱硫	35.00	—	万元/兆瓦
	脱硝	14.50	—	万元/兆瓦
	除尘	7.40	—	万元/兆瓦
	取消旁路	0.263	—	万元/兆瓦
钢铁行业	脱硫	27.87	—	万元/平方米
	烧结机除尘	13.89	—	万元/平方米
水泥行业	脱硝	0.50	—	万元/（吨/日产能）
	除尘	0.14	—	万元/（吨/日产能）
石油化工行业	脱硫	47.50	—	元/吨产能
油气回收	油库	700.00	—	万元/个
	加油站	50.00	—	万元/个
	油罐车	5.00	—	万元/辆
VOC治理		—	3051.110	万元/项目

---

① 此处给出的是中国投融资总额核算成本参数,来源于三大重点区域实地调研获取的成本参数的平均数据,可供各地区在做地方大气行动计划实施投融资需求测算时作为参考,各地区在进行测算时可根据地方实际情况调研后获取本地具体参数。